JENSEITS VON RAUM UND ZEIT

Andere Werke von His Divine Grace
A.C. Bhaktivedanta Swami Prabhupāda

Bhagavad-gītā wie sie ist

Śrīmad-Bhāgavatam – Canto 1–10.1

Śrī Caitanya-caritāmṛta

Śrī Īśopaniṣad

Kṛṣṇa – Die Quelle aller Freude

Der Nektar der Unterweisung

Der Nektar der Hingabe

Die Lehren Śrī Caitanyas

Die Lehren Königin Kuntīs

Die Lehren Śrī Kapilas

Die Schönheit des Selbst

Die Perfektion des Yoga

Vollkommene Fragen, vollkommene Antworten

Leben kommt von Leben

Bewusste Freude

Im Angesicht des Todes

Bhakti-Yoga – Der Pfad des spirituellen Lebens

Bhakti – Der Wandel im Herzen

Jenseits von Geburt und Tod

JENSEITS VON RAUM UND ZEIT

His Divine Grace
A. C. Bhaktivedanta Swami Prabhupāda
Gründer-*Ācārya* der Internationalen Gesellschaft
für Krishna-Bewusstsein

THE BHAKTIVEDANTA BOOK TRUST

Wenden Sie sich mit Fragen oder Anmerkungen zu diesem Buch an eines unserer Zentren in der Adressenliste am Ende des Buches oder kontaktieren Sie uns unter einer der folgenden Adressen:

ISKCON Deutschland-Österreich e. V.
Aarstraße 8, 65329 Hohenstein
+49 (0)6120 90 41 07 • iskcon.de

Sankirtan-Verein
Bergstrasse 54, 8032 Zürich, Schweiz
+41 (0)44 262 37 90
sa-ve@pamho.net • krishna.ch

MIX
Papier | Fördert gute Waldnutzung
FSC® C083411

„Antimaterielle Welten"(Englische Originalausgabe erschienen 1960): Übersetzung von Śacīnandana Swami (Thorsten Petterson). „Die Vielfalt der Planetensysteme" (Englische Originalausgabe erschienen 1970): Übersetzung von Karuṇa-śakti Dāsa (Karl Schimkowski); Lektorat von Bhakti Gauravāṇī Gosvāmī (Christian Jansen).

bbt.se • bbtmedia.com • bbt.org • krishna.com

ISBN 978-91-7769-363-5

Easy Journey to Other Planets (German)
(DE-EJTOP-2022-TEXT-R21)

Gedruckt im Jahr 2022

Inhalt

Gewidmet den Wissenschaftlern der Welt,
mit den Segnungen meines spirituellen Meisters,
His Divine Grace Śrī Śrīmad Bhaktisiddhānta
Sarasvatī Gosvāmī Mahārāja.

Vorwort

Jedes Lebewesen, insbesondere der zivilisierte Mensch, hat das angeborene Verlangen, für immer zu leben und dabei glücklich zu sein. Dies ist ganz natürlich, denn von seinem ursprünglichen Wesen her ist das Lebewesen nicht nur ewig, sondern auch fröhlich und glücklich. In seinem jetzigen, bedingten Daseinszustand jedoch ist es dem Elend wiederholter Geburten und Tode ausgesetzt, und daher sind ihm weder Glück noch Unsterblichkeit beschieden.

Heutzutage will der Mensch unbedingt zu anderen Planeten reisen. Auch das ist eigentlich ganz natürlich, denn er hat das ureigene Recht, zu jedem Ort der materiellen Welt und des spirituellen Himmels zu gelangen. In beiden Welten gibt es unendlich viele Himmelskörper, und alle sind verschieden voneinander. Man kann aber nur durch *yoga* zu diesen Planeten reisen – möglicherweise sogar zu Planeten, auf denen das Leben nicht nur ewig und voller Glückseligkeit ist, sondern auf denen es auch einen unvorstellbaren Reichtum an Energien gibt, die man genießen kann. Jeder, der die Freiheit der spirituellen Planeten erreicht, braucht nie wieder in die leidvolle Welt von Geburt, Alter, Krankheit und Tod zurückzukehren.

Diese Stufe der Vollkommenheit können wir sehr leicht durch eigene Bemühung erlangen. Wir können zum Beispiel bei uns zu Hause der vorgeschriebenen Methode des *bhakti-yoga* folgen, die, unter richtiger Anleitung ausgeführt, einfach und voller Freude ist. Dieses Buch soll allen, insbesondere philosophisch Gesinnten und jenen, die eine Religion ausüben, vermitteln, wie man durch *bhakti-yoga,* die höchste aller *yoga*-Methoden, unbeschwert zu anderen Planeten reisen kann.

1

Antimaterielle Welten

Die moderne materialistische Wissenschaft hat vor Kurzem endlich die antimaterielle Welt entdeckt, die den hartnäckigen Verfechtern des groben Materialismus so lange unbekannt war. Die *Times of India* veröffentlichte am 27. Oktober 1959 die folgende Meldung:

„*Stockholm, 26. Oktober* 1959 – Zwei amerikanische Atomwissenschaftler haben für die Entdeckung des Antiprotons den Nobelpreis für Physik des Jahres 1959 erhalten. Ihre Forschungsergebnisse hatten gezeigt, dass Materie in zwei Formen existiert: als Teilchen und Antiteilchen. Bei den Preisträgern handelt es sich um den gebürtigen Italiener Dr. Emilio Segrè (69) und Dr. Owen Chamberlain aus San Francisco. [...] Eine der Grundthesen dieser neuen Theorie besagt, dass es eine andere Welt – eine Antiwelt – aus Antimaterie geben könnte. Diese antimaterielle Welt soll aus atomaren und subatomaren Teilchen bestehen, die sich im Vergleich mit den Teilchen in der uns bekannten Welt in umgekehrter Richtung drehen. Sollten diese beiden Welten jemals aufeinanderprallen, würden sie in einem einzigen gleißenden Blitz verlöschen."

In dieser Mitteilung werden folgende Thesen aufgestellt:

1. Es gibt antimaterielle Atome, also Teilchen aus einer anderen Art von Materie, mit Eigenschaften, die denen materieller Atome entgegenstehen.
2. Neben der materiellen Welt, die wir zu einem gewissen Grad wahrnehmen und erleben können, gibt es noch eine andere Welt.
3. Diese beiden so grundverschiedenen Welten könnten eines Tages aufeinanderprallen und sich gegenseitig vernichten.

Wir Studenten der theistischen Wissenschaft können nur den ersten beiden Punkten zustimmen. Dem dritten Punkt müssen wir jedoch widersprechen: Die Materie unterliegt aufgrund ihrer Beschaffenheit der Vernichtung, während die Antimaterie, die keinerlei *materielle* Merkmale aufweist, aufgrund dieser ganz spezifischen Eigenschaft nicht zerstört werden kann. Wenn Materie zerstörbar oder teilbar ist, muss Antimaterie unzerstörbar und unteilbar sein. Im Folgenden werden wir die obigen drei Punkte aus dem Blickwinkel authentischer Schriften näher besprechen.

Die authentischste Schrift der Welt ist als *Veda* (Wissen) bekannt. Der eine *Veda* wurde später in vier Teile gegliedert: *Sāma, Yajur, Ṛg* und *Atharva*. Da die in den vier Veden behandelten Themen für gewöhnliche Menschen nur schwer zu verstehen sind, werden sie, um diese schwierige Thematik leichter verständlich zu machen, im historischen Epos *Mahābhārata* und in achtzehn *Purāṇas* noch einmal erklärt. Auch das *Rāmāyaṇa,* ein weiteres historisches Epos, enthält alle relevanten Lehren der Veden. Zu den vedischen Schriften zählen also die vier Veden, das ursprüngliche *Rāmāyaṇa* Vālmīkis, das *Mahābhārata* und die Purāṇas. Die Upaniṣaden sind ein Teil der vier Veden, deren Essenz wiederum die *Vedānta-sūtras* sind. Die *Bhagavad-gītā,* die als die Essenz der Upaniṣaden und auch als die einleitende Erläuterung der *Vedānta-sūtras* gilt, fasst alle diese vedischen Schriften zusammen. Wir können hieraus schließen, dass die *Bhagavad-gītā* genügt, um die Lehren der Veden zu verstehen, denn sie wurde von Śrī Kṛṣṇa, der Höchsten Persönlichkeit Gottes, gesprochen. Śrī Kṛṣṇa kommt aus der antimateriellen Welt in die materielle Welt, um uns vollständiges Wissen über die höhere Form von Energie zu geben. Die höhere Energieform der Höchsten Persönlichkeit Gottes wird in der *Bhagavad-gītā* als *parā prakṛti* beschrieben.

Wissenschaftler sprechen von zwei Formen von *Materie,* doch die *Bhagavad-gītā* beschreibt das Konzept von Materie und Antimaterie viel einleuchtender als zwei Formen von *Energie.* Materie ist eine Art der Energie, und aus ihr wird die materielle Welt geschaffen. Dieselbe Energie, in ihrer höheren Form, bildet die antimaterielle Welt. Die Lebewesen gehören ebenfalls zu dieser höheren Kategorie. Die niedere, materielle Energie heißt *aparā prakṛti.* Folglich beschreibt die *Bhagavad-gītā* die Schöpfungsenergie in zwei Formen, nämlich als *aparā prakṛti* und *parā prakṛti.*

Materie an sich verfügt über keine Schöpfungskraft. Erst wenn die lebendige Energie auf sie einwirkt, entstehen materielle Objekte. Materie in ihrer Rohform ist daher die latente Energie des Höchsten Wesens. Wenn wir an Energie denken, ist es ganz natürlich, dass wir auch an deren Quelle denken. Beim Gedanken an elektrische Energie zum Beispiel denken wir auch an das Kraftwerk, wo sie erzeugt wird. Energie ist nicht unabhängig. Sie steht unter der Kontrolle eines höheren Lebewesens, das die Energie lenkt. Feuer ist die Quelle zweier Energien: Licht und Wärme, die beide nicht unabhängig vom Feuer existieren können. Ähnlich verhält es sich mit der niederen und höheren Energie. Beide Energien gehen von einer dritten Quelle aus, ganz gleich welchen Namen man ihr geben mag. Diese Energiequelle muss ein *lebendiges Wesen* sein, das sich aller Dinge voll bewusst ist. Dieses höchste Lebewesen ist die Persönlichkeit Gottes Śrī Kṛṣṇa, das allanziehende Lebewesen.

Die Veden nennen das höchste Lebewesen, also die Absolute Wahrheit, Bhagavān. Bhagavān (wörtlich: jemand, der über Reichtum verfügt) ist jenes Lebewesen, in dem alle Energien ihren Ursprung haben. Die Entdeckung zweier Energieformen durch die moderne Wissenschaft ist jedoch nicht der Schlusspunkt wissenschaftlichen Fortschritts. Die Wissenschaft muss weiterforschen und die Quelle der beiden atomaren Teilchen, die sie materiell und antimateriell nennt, entdecken.

Welche Erklärung haben wir für das antimaterielle Teilchen? Wir kennen materielle Teilchen (Atome), aber antimaterielle Atome entziehen sich unserem Begriffsvermögen. Die *Bhagavad-gītā* (Bg.) hingegen enthält folgende anschauliche Beschreibung des antimateriellen Teilchens:

> Das antimaterielle Teilchen befindet sich im materiellen Körper, der sich durch seine Anwesenheit verändert: vom Kindesalter zum Knabenalter, vom Knabenalter zur Jugend und von dort zum Alter. Schließlich verlässt das antimaterielle Teilchen den alten, unbrauchbaren Körper und nimmt einen neuen an. (Bg. 2.13)

Diese Beschreibung eines lebendigen Körpers bestätigt die wissenschaftliche Erkenntnis, dass Energie in zwei Formen existiert. Sobald eine dieser Energien, nämlich das antimaterielle Teilchen, den materiellen Körper verlässt, wird dieser für jegliche Zwecke unbrauchbar. Es kann also kein Zweifel daran bestehen, dass das antimaterielle Teilchen über der materiellen Energie steht.

> Deshalb sollte niemand den Verlust materieller Energie beklagen. Alle Formen von Sinneswahrnehmung in den Kategorien von Wohlbefinden und Unbehagen sind nichts weiter als Wechselwirkungen der materiellen Energie, die wie die verschiedenen Jahreszeiten kommen und gehen. (Bg. 2.14)

Das Kommen und Gehen solcher materieller Wechselwirkungen bestätigt die untergeordnete Stellung der materiellen Energieform gegenüber der höheren Energieform, der *jīva*-Energie (Lebenskraft).

> Ein intelligenter Mensch, den diese Wechselwirkungen der materiellen Energie nicht aus dem Gleichgewicht bringen und der versteht, dass es sich beim dabei entstehenden Glück oder Unglück nur um verschiedene Phasen der niederen Energie handelt, qualifiziert sich für den Eintritt in die antimaterielle Welt, wo das Leben ewig, voller Wissen und voller Glückseligkeit ist. (Bg. 2.15)

Hier wird die antimaterielle Welt erwähnt, von der es heißt, dass es dort keine jahreszeitlich bedingten Schwankungen gibt: Alles ist ewig, voller Glückseligkeit und voller Wissen. Die Tatsache, dass wir sie als „Welt“ bezeichnen, deutet darauf hin, dass es dort Formen und viele andere Dinge gibt, die jenseits unserer materiellen Erfahrung liegen.

> Der materielle Körper ist zerstörbar und daher wandelbar und zeitweilig. Dasselbe gilt für die materielle Welt. Die antimaterielle Lebenskraft hingegen ist unzerstörbar und daher ewig. Sachkundige Wissenschaftler unterscheiden bei den materiellen und antimateriellen Teilchen jeweils zwischen zeitweiligen und ewigen Eigenschaften. (Bg. 2.16)

Die Entdecker der beiden Formen von Materie stehen noch vor der Aufgabe, die Eigenschaften der Antimaterie näher zu bestimmen. In der *Bhagavad-gītā* finden wir jedoch bereits eine lebendige und informative Beschreibung, die den Wissenschaftlern als Grundlage für weitere Forschung dienen kann.

> Das antimaterielle Teilchen ist feiner als das feinste materielle Teilchen, und diese Lebenskraft ist so mächtig, dass sie ihren Einfluss auf den gesamten materiellen Körper ausweitet. Obwohl das antimaterielle Teilchen feiner als das feinste aller materiellen Teilchen ist, sorgt es – ähnlich wie ein Medikament – dafür, dass der gesamte Körper gesund und funktionsfähig bleibt. Das antimaterielle Teilchen verfügt im Vergleich zum materiellen Teilchen über unermessliche Kraft, weshalb es von niemandem zerstört werden kann. (Bg. 2.17)

Das ist nur der Anfang der Beschreibung des antimateriellen Teilchens in der *Bhagavad-gītā*. Weiterhin wird erklärt:

> Das winzige antimaterielle Teilchen ist von grobstofflichen und feinstofflichen Körpern umhüllt. Während die materiellen Körper (sowohl der grob- als auch

der feinstoffliche) der Zerstörung unterliegen, ist das feinere, antimaterielle Teilchen ein ewiges Prinzip. Unser Interesse sollte daher diesem ewigen Prinzip gelten. (Bg. 2.18)

Die Wissenschaft wird ihre höchste Vollkommenheit erreichen, wenn es den Wissenschaftlern gelingt, die Eigenschaften des antimateriellen Teilchens zu entdecken und es aus dem Verbund mit den vergänglichen materiellen Teilchen zu lösen, d.h., es zu befreien. Diese Befreiung des antimateriellen Teilchens aus der Verbindung der materiellen Teilchen wäre die Krönung wissenschaftlichen Fortschritts.

Die wissenschaftliche Hypothese, es gäbe eine andere Welt aus antimateriellen Atomen und ein Zusammenprall der materiellen und der antimateriellen Welt würde zur Vernichtung beider Welten führen, ist nur teilweise richtig. Ein solcher Zusammenprall findet bereits statt – ununterbrochen –, und zwar zwischen den materiellen und antimateriellen Teilchen. Bei diesem ständigen Zusammenprall werden die materiellen Teilchen vernichtet, während die antimateriellen Teilchen nach Befreiung streben. Die *Bhagavad-gītā* beschreibt diesen Vorgang wie folgt:

Das antimaterielle Teilchen, also das Lebewesen, das die materiellen Teilchen in Bewegung setzt, ist unzerstörbar. Solange das antimaterielle Teilchen von einer Anhäufung materieller Teilchen umhüllt ist, also vom grob- und feinstofflichen Körper, ist das Ganze als lebendige Einheit sichtbar. Beim fortwährenden Zusammenprall der beiden Teilchen wird das antimaterielle Teilchen nicht zerstört. Niemand kann das antimaterielle Teilchen zerstören – weder in der Vergangenheit noch in der Gegenwart ist dies jemals

> geschehen, und auch in der Zukunft wird dies unmöglich bleiben. (Bg. 2.19–20)

Hieraus ergibt sich, dass die Theorie, wonach beide Welten bei einem Zusammenprall vernichtet werden, falsch ist. Die *Bhagavad-gītā* erläutert dies wie folgt:

> Das überaus feine und nicht messbare antimaterielle Teilchen ist prinzipiell unzerstörbar, dauerhaft und ewig, doch seine aus materiellen Teilchen bestehende Umhüllung wird nach einiger Zeit vernichtet. (Bg. 2.21–22)

Dasselbe Prinzip gilt auch für die materiellen und antimateriellen Welten. Niemand muss die Vernichtung des antimateriellen Teilchens befürchten, weder in Bezug auf Einzelteilchen noch auf eine aus solchen Teilchen bestehende Welt. Alles Zerstörte wird nach einer gewissen Zeit wieder erschaffen. So wie der materielle Körper erschaffen wird, wird auch die materielle Welt erschaffen. Und weil das antimaterielle Teilchen niemals zerstört wird, wird es auch niemals erschaffen. Dies bestätigt die *Bhagavad-gītā* wie folgt:

> Das antimaterielle Teilchen, also die Lebenskraft, wird niemals geboren oder erschaffen. Es existiert ewig. Es kennt weder Geburts- noch Sterbestunde. Es unterliegt keinem Kreislauf aus Schöpfung und Zerstörung. Es existiert ewig und ist somit das Älteste von allem Alten. Dennoch ist es immer frisch und neu. Während der Vernichtung der materiellen Teilchen bleibt das antimaterielle Teilchen unversehrt; es wird nicht vernichtet. (Bg. 2.20)

Dasselbe Prinzip gilt auch für die antimaterielle Welt: Wenn die materielle Welt vernichtet wird, bleibt die antimaterielle Welt bestehen. Dies wird später noch eingehender erläutert.

Wissenschaftler, die sich dem Studium der Antimaterie widmen, mögen außerdem aus der *Bhagavad-gītā* folgende Aussage zur Kenntnis nehmen:

> Ein Gelehrter, der genau weiß, dass das antimaterielle Teilchen unzerstörbar ist, denkt niemals, dass es auf irgendeine Weise vernichtet werden könnte. (Bg. 2.21)

Atomwissenschaftler mögen mit dem Gedanken spielen, die materielle Welt mit Nuklearwaffen zu zerstören, jedoch können ihre Waffen der antimateriellen Welt nichts anhaben. Das antimaterielle Teilchen wird in den folgenden Zeilen noch konkreter beschrieben:

> Keine materielle Waffe kann es in Stücke schneiden, noch kann Feuer es verbrennen. Weder kann es von Wasser benetzt werden, noch kann es austrocknen oder verbrennen. Es ist unteilbar, unbrennbar, unlöslich und unverdunstbar. Da es ewig ist, kann es in jeden beliebigen Körper eintreten. Da es von Natur aus beständig ist, bleiben seine Eigenschaften immer gleich. Es ist unerklärbar, denn es steht im Gegensatz zu allen materiellen Eigenschaften. Es entzieht sich dem Begriffsvermögen des gewöhnlichen Verstandes. Es ist unveränderlich. Niemand sollte daher jemals um das antimaterielle Prinzip trauern. (Bg. 2.23–25)

Die *Bhagavad-gītā* und alle anderen vedischen Schriften beschreiben die höhere Energie, das antimaterielle Prinzip, als die Lebenskraft, die lebendige Seele – als *jīva*. Dieses lebendige Prinzip kann durch keine Kombination materieller Elemente erzeugt werden. Die materiellen Elemente, nämlich (1) Erde, (2) Wasser, (3) Feuer, (4) Luft, (5) Äther, (6) Geist, (7) Intelligenz und (8) Ego, werden als niedere Energien eingestuft, während die Lebenskraft, das antimaterielle Prinzip, als höhere Energie beschrieben wird. Beide Prinzipien werden als Energien bezeichnet, weil das höchste Lebewesen, die Persönlichkeit Gottes (Kṛṣṇa), diese Energien beherrscht.

Lange Zeit haben sich die Materialisten nur innerhalb der Grenzen der oben genannten acht materiellen Prinzipien bewegt. Es ist ermutigend, dass sie jetzt eine vage Vorstellung vom antimateriellen Prinzip und der antimateriellen Welt haben. Es bleibt zu hoffen, dass sie im Laufe der Zeit den Wert der antimateriellen Welt, wo es keine Spur materieller Prinzipien gibt, werden schätzen können. Schon die Bezeichnung „antimateriell" deutet darauf hin, dass das antimaterielle Prinzip von allen materiellen Eigenschaften grundverschieden ist.

Es gibt spekulative Denker, die ihre eigenen Kommentare zum antimateriellen Prinzip verfassen. Sie lassen sich in zwei Hauptgruppen unterteilen und gelangen zu zwei unterschiedlichen, fehlerhaften Schlussfolgerungen. Eine Gruppe (die groben Materialisten) leugnet das antimaterielle Prinzip oder räumt lediglich den Zerfall materieller Verbindungen zu einem bestimmten Zeitpunkt ein. Die andere Gruppe bejaht das antimaterielle Prinzip als das genaue Gegenteil des materiellen Prinzips mit seinen 24 Kategorien. Die Mitglieder dieser Gruppe kennt man als Sāṅkhya-Philosophen. Sie untersuchen die materiellen Prinzipien und analysieren sie bis in alle Einzelheiten. Am Ende ihrer Untersuchung kommen sie zu der Schlussfolgerung, dass es nur *ein* Prinzip gibt – ein transzendentales, antimaterielles Prinzip. Diese Spekulierer sehen sich jedoch mit vielen Schwierigkeiten konfrontiert, denn ihre Hypothesen basieren auf der niederen Energie. Ihnen fehlt Information aus einer höheren Quelle. Wir müssen uns zur transzendentalen Ebene der höheren Energie erheben (*bhakti-yoga* ist die Aktivität der höheren Energie), denn nur von dieser transzendentalen Stellung aus werden wir die wahre Position des antimateriellen Prinzips verstehen können.

Vom Gesichtspunkt der materiellen Welt aus betrachtet, können wir uns kein Bild von der wahren Natur der antimateriellen Welt machen. Der Höchste Herr jedoch, der sowohl die materielle als auch die antimaterielle Energie beherrscht, kommt aus Seiner grundlosen Barmherzigkeit in die materielle Welt und erklärt uns alles, was wir über die antimaterielle Welt wissen müssen. Auf diese Weise können wir verstehen, was die antimaterielle Welt ist. *Der Höchste Herr und die Lebewesen haben beide dieselben antimateriellen Eigenschaften*. Wir können uns also durch ein gründliches Studium der Lebewesen eine Vorstellung vom Höchsten Herrn machen. Jedes Lebewesen ist eine individuelle Person. Folglich muss das höchste Lebewesen auch eine Person sein, aber die *höchste* Person. Die vedischen Schriften versichern zu Recht, dass diese höchste Person Kṛṣṇa ist. „Kṛṣṇa" als Bezeichnung für den Höchsten Herrn ist der einzig wirklich zutreffende Name, ein Name der höchsten Ordnung. Da Kṛṣṇa sowohl die materielle als auch die antimaterielle Energie beherrscht, deutet schon Sein Name darauf hin, dass Er der höchste Herrscher ist. In der *Bhagavad-gītā* bestätigt der Herr dies wie folgt:

> Es gibt zwei Welten – die materielle und die antimaterielle. Die materielle Welt besteht aus der qualitativ niederen Energie, die sich in acht materielle

> Prinzipien aufteilt. Die antimaterielle Welt besteht aus einer qualitativ höheren Energie. (Bg. 7.4)

Da sowohl die materielle als auch die antimaterielle Energie von der Höchsten Transzendenz, der Persönlichkeit Gottes, ausgehen, kann man zu Recht schlussfolgern, dass Kṛṣṇa die wahre Ursache aller Schöpfungen und Vernichtungen ist. Da die beiden Energien des Herrn (die niedere und die höhere) die materielle und die antimaterielle Welt erschaffen, ist Er die Absolute Wahrheit. Kṛṣṇa erklärt dies in der *Bhagavad-gītā* wie folgt:

> O Dhanañjaya, Ich bin das höchste Prinzip der Transzendenz. Nichts steht über Mir. Alles Sein ist in Meine Energien verwoben, ebenso wie Perlen auf eine Schnur gereiht sind. (Bg. 7.7)

Wir sehen hier, dass schon lange vor der Entdeckung der Antimaterie, also der antimateriellen Welt, dieses Thema auf den Seiten der *Bhagavad-gītā* behandelt wurde. Die *Gītā* erwähnt, dass in der Vergangenheit Kṛṣṇa den Sonnengott in ihrer Philosophie unterwies, was darauf hindeutet, dass die Prinzipien der *Bhagavad-gītā* lange vor der Schlacht von Kurukṣetra – mindestens vor 120 Millionen Jahren – von der Höchsten Persönlichkeit Gottes beschrieben wurden. Jetzt hat die moderne Wissenschaft endlich einen Bruchteil der Wahrheiten entdeckt, die man in der *Bhagavad-gītā* finden kann. Eine Anspielung auf die antimaterielle Welt findet man ebenfalls in der *Bhagavad-gītā*.

Aufgrund aller verfügbaren Daten kann man ohne den geringsten Zweifel davon ausgehen, dass die antimaterielle Welt im antimateriellen Himmel liegt, einem Himmel, den die *Bhagavad-gītā* als *sanātana-dhāma* (ewige Natur) bezeichnet.

So wie materielle Atome die materielle Welt erschaffen, so erschaffen antimaterielle Atome die antimaterielle Welt – mit allem, was dazugehört. Die antimaterielle Welt wird von antimateriellen Lebewesen bewohnt. „Lebewesen" bezieht sich auf das antimaterielle Atom. In der antimateriellen Welt existiert also keine leblose Materie. *Alles dort ist lebendig* und die höchste Persönlichkeit in dieser Region ist Gott selbst. Die Bewohner der antimateriellen Welt haben ein ewiges Leben, voller ewigem Wissen und ewiger Glückseligkeit – sie haben also genau dieselben Eigenschaften wie Gott.

In der materiellen Welt ist der höchste Planet Satyaloka, auch Brahmaloka genannt, wo Wesen mit den größten Talenten leben. Dort ist Brahmā, das ersterschaffene Lebewesen in der materiellen Welt, die vorherrschende Gottheit. Zwar ist er ein Lebewesen wie wir, doch in der materiellen Welt ist er die talentierteste Persönlichkeit. Er gehört nicht zur Kategorie Gottes, sondern zur Kategorie der Lebewesen, die Gott untergeordnet sind. Gott und die Lebewesen gehören zur antimateriellen Welt. Die Wissenschaftler würden gut daran tun, die antimaterielle Welt zu erforschen und herauszufinden, wie sie beschaffen ist, wie sie verwaltet wird, wie die Dinge dort geformt sind, wer die führende Persönlichkeit ist und so fort. Die vedischen Schriften, insbesondere das *Śrīmad-Bhāgavatam,* beschreiben diese Dinge ausführlich. Die *Bhagavad-gītā* stellt das Vorstudium des *Śrīmad-Bhāgavatam* dar. Alle Wissenschaftler sollten diese beiden wichtigen Bücher des Wissens eingehend studieren. Diese Bücher würden dem wissenschaftlichen Fortschritt viele Impulse verleihen und zu neuen Entdeckungen führen.

Man kann die Menschen in zwei Gruppen unterteilen: Transzendentalisten und Materialisten. Transzendentalisten sammeln Wissen aus den autoritativen Schriften wie den Veden, die wiederum aus autoritativen Quellen, die Teil der transzendentalen Schülerfolge sind, zu uns kommen. Diese Schülerfolge *(paramparā)* wird ebenfalls in der *Bhagavad-gītā* erwähnt. Kṛṣṇa sprach die *Bhagavad-gītā* vor Millionen von Jahren zum Sonnengott, der das Wissen an seinen Sohn Manu weitergab, von dem die heutige Menschheit abstammt. Manu wiederum lehrte die *Gītā* seinen Sohn Ikṣvāku, den Stammvater der Dynastie, in der die Persönlichkeit Gottes Śrī Rāma erschien. Als Kṛṣṇa vor 5000 Jahren erschien, war diese lange Kette von Schülern gerissen, weshalb Er die Kette mit Arjuna erneuerte und ihn damit zum ersten Schüler Gottes im gegenwärtigen Zeitalter machte. Die Transzendentalisten der heutigen Zeit empfangen demnach Wissen von der Schülerfolge, die mit Arjuna begann. Solche Transzendentalisten mühen sich nicht mit materialistischer Forschungsarbeit ab. Sie verstehen die Wahrheit hinsichtlich der Materie und Antimaterie auf vollkommenste Weise und ersparen sich dadurch viel Arbeit.

Die groben Materialisten, die den Worten der Persönlichkeit Gottes keinen Glauben schenken, sind bedauernswerte Geschöpfe. Obwohl sie zweifellos sehr begabt, gebildet und fortgeschritten sein mögen, verwirrt sie der Einfluss der materiellen Natur, und es fehlt ihnen an jeglichem Wissen über die antimaterielle Natur. Es ist daher ein gutes Zeichen, dass die materialistischen Wissenschaftler Fortschritte erzielen und sich allmählich dem Bereich der antimateriellen Welt nähern. Es mag sogar möglich sein, dass sie eines Tages – besser spät als nie – die Einzelheiten der antimateriellen Welt erkennen, wo Bhagavān, die Persönlichkeit Gottes, als die prädominante Persönlichkeit residiert. Die Lebewesen, die dort mit Ihm leben, haben denselben Status, sind Ihm aber zugleich in ihrer Eigenschaft als Diener untergeordnet. In der antimateriellen Welt besteht kein Unterschied zwischen den Prädominierten und dem Prädominanten, und trotzdem überwiegt – in vollkommener Form – das Gefühl, prädominant und prädominiert zu sein, jedoch ohne den damit verbundenen Makel, der dieser Beziehung in der materiellen Welt anhaftet.

Die Natur der materiellen Welt ist destruktiv. Die Annahme der Physiker, dass ein zufälliger Zusammenprall der materiellen und der antimateriellen Welten in Zerstörung ende, ist der *Bhagavad-gītā* zufolge teilweise wahr. Die materielle Welt ist eine Schöpfung der wechselnden Erscheinungsweisen der Natur. Diese Erscheinungsweisen *(guṇas)* sind als *sattva* (Tugend), *rajas* (Leidenschaft) und *tamas* (Unwissenheit) bekannt. Die materielle Welt wird durch die Erscheinungsweise *rajas* erschaffen, durch die Erscheinungsweise *sattva* erhalten und durch die Erscheinungsweise *tamas* vernichtet. Diese Erscheinungsweisen sind in der materiellen Welt überall vorhanden. Demzufolge finden überall – zu jeder Stunde, Minute und Sekunde – Schöpfung, Erhaltung und Vernichtung statt. Brahmaloka, der höchste Planet der materiellen Welt, steht ebenfalls unter dem Einfluss dieser Erscheinungsweisen der Natur, auch wenn dort die Lebensdauer dank der Vorherrschaft von *sattva-guṇa* 4 320 000 × 1000 × 2 × 30 × 12 × 100 (311 040 000 000 000) Sonnenjahre beträgt. Trotz dieser langen Zeitspanne unterliegt auch dieser Planet der Vernichtung. Im Vergleich zum ewigen Leben in der antimateriellen Welt sind die berechenbaren Jahre auf dem höchsten Planeten der materiellen Welt unbedeutend. Aus diesem Grund betont der Sprecher der *Bhagavad-gītā*, Śrī Kṛṣṇa, die Bedeutung der antimateriellen Welt, die Sein Reich ist, wie folgt: „Alle Planeten in der materiellen Welt werden nach 4 320 000 × 1000 × 2 × 30 × 12 × 100 Sonnenjahren zerstört."

Auch alle Lebewesen, die auf diesen Planeten wohnen, werden bei der Zerstörung der materiellen Welt im materiellen Sinne zerstört. Die Lebewesen sind aber eigentlich antimaterielle Teilchen. Doch solange sie sich nicht zur Region der antimateriellen Welt erheben, indem sie sich mit Entschlossenheit in antimateriellen Handlungen üben, verbleiben diese antimateriellen Teilchen nach der Zerstörung der materiellen Welt in einem körperlosen Zustand. Sie nehmen ihre materiellen Formen wieder an, wenn die materielle Welt erneut erschaffen wird. Einzig und allein jene Lebewesen, die sich während der verkörperten Phase ihres materiellen Daseins dem liebevollen Dienst der Persönlichkeit Gottes zuwenden, werden nach Verlassen des materiellen Körpers zur antimateriellen Welt befördert. Darüber besteht kein Zweifel. Unsterblichkeit erlangen nur diejenigen, die zu Gott zurückkehren, weil sie gelernt haben, antimateriell zu handeln.

Was sind diese antimateriellen Handlungen? Sie sind wie Heilmitteldosen. Wenn jemand krank wird, geht er zum Arzt. Dieser verschreibt ihm Heilmittel, die ebenfalls materielle Dinge sind, doch weil ein sachkundiger Arzt die Mittel verschrieben hat, heilen solche Arzneien den leidenden Patienten. Unwissende Materialisten begeben sich nicht bei einem erfahrenen transzendentalen Arzt in Behandlung, denn sonst wären sie schon längst von ihren materiellen Krankheiten geheilt worden, wegen derer sie das Elend der Wiederholung von Geburt, Tod, Krankheit und Alter erleiden. Solche Materialisten sollten sich lieber der „Zurück-zu-Gott"-Behandlung unterziehen und so zur antimateriellen Welt aufsteigen, wo sie ein ewiges Leben, statt Geburt und Tod, erwartet.

Die Vernichtung der materiellen Welt findet auf zwei Arten statt: Nach Ablauf von jeweils 4 320 000 × 1000 Sonnenjahren, also am Ende jedes Tages auf Brahmaloka, dem höchsten Planeten der materiellen Welt, erfolgt eine Teilvernichtung. Während einer Teilvernichtung werden die höheren Planeten wie Brahmaloka nicht zerstört, doch nach 4 320 000 × 1000 × 2 × 30 × 12 × 100 Sonnenjahren geht die gesamte kosmische Schöpfung in den antimateriellen Körper ein, aus dem die materiellen Prinzipien hervorgehen, sich formen und in den sie nach der Vernichtung wieder zurückkehren. Die antimaterielle Welt, die fernab des materiellen Himmels liegt, wird nie vernichtet. Sie nimmt die materielle Welt in sich auf. Es mag sein, dass die materielle und die antimaterielle Welt eines Tages aufeinanderprallen, wie manche Wissenschaftler annehmen, und dass die materielle Welt dabei vernichtet wird, jedoch bleibt die antimaterielle Welt unversehrt. Die ewige antimaterielle Welt liegt jenseits der Wahrnehmung der materialistischen Wissenschaftler. Detailliertes Wissen über die antimaterielle Welt kann man nur aus der unfehlbaren Quelle befreiter Persönlichkeiten bekommen, die die Eigenschaften des antimateriellen Prinzips voll erkannt haben. Diese Information kann ein ergebener Schüler der Persönlichkeit Gottes durch Hören empfangen.

Brahmā, das erste Lebewesen der materiellen Schöpfung, empfing das vedische Wissen auf diese Weise in seinem Herzen. Danach gab Brahmā dasselbe Wissen an den Weisen Nārada weiter. Ähnlich verhält es sich mit der *Bhagavad-gītā,* die Śrī Kṛṣṇa, die Persönlichkeit Gottes, zum Sonnengott Vivasvān sprach. Als dieses Wissen falsch interpretiert wurde, da die Kette der autoritativen Klangüberlieferung unterbrochen worden war, wiederholte Bhagavān, die Persönlichkeit Gottes, es noch einmal auf dem Schlachtfeld von Kurukṣetra. Diesmal nahm Arjuna den Platz Brahmājīs ein, um von Śrī Kṛṣṇa dasselbe transzendentale Wissen zu empfangen. Um alle Bedenken der groben Materialisten aus dem Weg zu räumen, stellte Arjuna relevante Fragen mit Bezug auf die Vertrauenswürdigkeit und Autorität des Herrn, die Kṛṣṇa so beantwortete, dass jeder Laie sie zu seiner vollen Zufriedenheit verstehen kann. Nur wer sich vom Glanz der materiellen Welt blenden lässt, kann wegen seines durch sündhafte Angewohnheiten verunreinigten Lebens Śrī Kṛṣṇas Autorität nicht akzeptieren. Hieraus folgt, dass man seine schlechten Angewohnheiten ablegen und reinen Herzens werden muss, bevor man die Einzelheiten der antimateriellen Welt verstehen kann, die viele Male umfassender sind als die Details der materiellen Welt.

Die materielle Welt ist nichts weiter als ein Schattenbild der antimateriellen Welt. Intelligente Menschen, die reinen Herzens sind und reine Gewohnheiten entwickelt haben, können diese Einzelheiten aus der *Bhagavad-gītā* in resümierter Form verstehen. Die wesentlichen Einzelheiten sind die folgenden:

Die vorherrschende Persönlichkeit der antimateriellen Welt ist Śrī Kṛṣṇa, der dort in Seiner ursprünglichen Gestalt wie auch in Form Seiner vielen vollständigen Erweiterungen gegenwärtig ist. Diese Persönlichkeiten Gottes sind nur durch antimaterielle Handlungen, also hingebungsvollen Dienst, zu erkennen. Bhagavān, die Persönlichkeit Gottes, ist die höchste Wahrheit und das absolute antimaterielle Prinzip. Sowohl das materielle Prinzip als auch das antimaterielle Prinzip gehen von Seiner Person aus. Er ist die Wurzel des gesamten Baumes. Wenn man die Wurzel bewässert, versorgt man damit auch die Zweige und Blätter. Das Gleiche trifft auf die Verehrung der Persönlichkeit Gottes zu. Wenn ein Geweihter Śrī Kṛṣṇa verehrt, wird sein Herz mit einem klaren und detaillierten Verständnis der materiellen Welt erleuchtet, ohne dass er sich auf materialistische Weise darum bemühen müsste. Das ist das Mysterium der *Bhagavad-gītā*.

Die Methode, in die antimaterielle Welt einzutreten,

unterscheidet sich von materialistischen Methoden. Das Lebewesen, das antimaterielle Teilchen, das derzeit in die Materie verstrickt ist, kann mit Leichtigkeit in die antimaterielle Welt eintreten, wenn es sich während seines Aufenthalts in der materiellen Welt darin übt, antimateriell zu handeln. Eingefleischte Materialisten, die auf die begrenzte Macht experimenteller Gedanken, mentaler Spekulation und materialistischer Wissenschaft bauen, werden es jedoch sehr schwer haben, in die antimaterielle Welt einzutreten. Ihr Versuch, in die antimaterielle Welt zu gelangen, ist mühselig und mit großem Aufwand verbunden. Die mechanischen Raumfahrzeuge, Satelliten, Raketen usw., die sie ins Weltall befördern, können nicht einmal die materiellen Planeten in den höheren Regionen erreichen, geschweige denn die Planeten im antimateriellen Himmel, der weit jenseits des materiellen Himmels liegt und sich damit unserem Erfahrungsbereich entzieht. Selbst *yogīs,* die die mystischen Kräfte perfekt beherrschen, haben große Schwierigkeiten, in diese Region vorzudringen. Yoga-Meister, die das antimaterielle Teilchen im materiellen Körper durch mystische Kräfte unter Kontrolle haben, können ihren materiellen Körper zu einem bestimmten günstigen Zeitpunkt nach Belieben verlassen und durch einen besonderen Verbindungsweg, der die materielle mit der antimateriellen Welt vereint, in die antimaterielle Welt gelangen. Wenn überhaupt, sind sie dazu nur imstande, wenn sie die in der *Bhagavad-gītā* (8.24) vorgeschriebene Methode anwenden:

> Diejenigen, die die Transzendenz erkannt haben, können die antimaterielle Welt erreichen, wenn sie ihren Körper während des *uttarāyaṇa*-Zeitabschnitts verlassen, das heißt, wenn sich die Sonne auf ihrer nördlichen Bahn befindet, oder zu einem anderen günstigen

> Zeitpunkt, wenn die Halbgötter des Feuers und des Lichts die Atmosphäre beherrschen.

Die jeweiligen Halbgötter sind damit beauftragt, als mächtige leitende Beamte die kosmischen Abläufe zu verwalten. Unwissende Menschen, die unfähig sind, die Komplexität der kosmischen Verwaltung zu begreifen, halten die Idee einer persönlichen Verwaltung von Feuer, Luft, Elektrizität, Tag, Nacht usw. durch Halbgötter für kindisch. *Yogīs*, die die Vollkommenheit erreicht haben, wissen jedoch, wie man diese unsichtbaren Verwalter materieller Geschehnisse zufriedenstellen kann, und nutzen deren Wohlwollen, um ihren Körper nach Belieben zu einem günstig Zeitpunkt zu verlassen, der so abgestimmt ist, dass der Zutritt zur antimateriellen Welt oder zu den höchsten Planeten des materiellen Himmels möglich wird. Auf den höheren Planeten der materiellen Welt erwartet die *yogīs* ein angenehmeres und genussreicheres Leben, das Hunderttausende oder sogar Millionen Jahre währt. Aber auch auf den höheren Planeten ist das Leben nicht ewig. Diejenigen, die nach ewigem Leben streben, gelangen mithilfe mystischer Kräfte in die antimaterielle Welt, indem sie bestimmte günstige Zeitpunkte nutzen, die durch die verwaltenden Halbgötter herbeigeführt werden. Diese Verwalter kosmischer Abläufe sind den groben Materialisten, die auf diesem siebtklassigen Planeten namens Erde leben, nicht sichtbar.

> Diejenigen, die keine *yogīs* sind, aber dank frommer Taten, wie Opferhandlungen, Wohltätigkeit und Bußen, zu einem günstigen Zeitpunkt sterben, können nach dem Tod zu den höheren Planeten aufsteigen, müssen jedoch wieder auf die Erde zurückkehren. Sie verlassen ihren Körper während des

> *dhūma*-Zeitabschnitts, also der dunklen, mondlosen Monatshälfte, wenn sich die Sonne auf ihrer südlichen Bahn befindet. (Bg. 8.25)

Zusammenfassend kann man sagen, dass die *Bhagavad-gītā* hingebungsvollen Dienst bzw. antimaterielle Handlungen empfiehlt, um in die antimaterielle Welt zu gelangen. Diejenigen, die hingebungsvollen Dienst unter der Anleitung eines kundigen Transzendentalisten ausführen, werden bei ihren Bemühungen, die antimaterielle Welt zu erreichen, niemals enttäuscht. Obwohl es viele Hindernisse geben mag, können die Geweihten Kṛṣṇas diese leicht überwinden, indem sie entschlossen jenem Pfad folgen, den die transzendentalen Gottgeweihten vorgegeben haben. Solche Gottgeweihten – Wanderer auf dem Lebensweg zum antimateriellen Reich Gottes – lassen sich auf ihrer Reise durch nichts beirren. Keiner wird betrogen, wenn er den sicheren Weg der Hingabe einschlägt, der in die antimaterielle Welt führt. Alles, was man durch das Studium der Veden, die Darbringung von Opfern, Bußen und Wohltätigkeitsarbeit erreichen kann, ist mit Leichtigkeit durch hingebungsvollen Dienst (fachsprachlich als *bhakti-yoga* bekannt) erreichbar.

Bhakti-yoga ist daher das Allheilmittel, dessen Anwendung besonders für die heutige Zeit, das eiserne Zeitalter, noch leichter gemacht worden ist. Dafür sorgte der Herr persönlich in Seiner erhabensten und großmütigsten Erscheinung als Śrī Caitanya. Durch Seine Gnade kann jeder die Prinzipien des *bhakti-yoga* schnell erlernen. Dann wird aller Argwohn aus dem Herzen verschwinden, das Feuer materiellen Leids wird erlöschen, und transzendentale Glückseligkeit wird Einzug halten.

Im 5. Kapitel der *Brahma-saṁhitā* finden wir eine Beschreibung der vielen verschiedenen Planetensysteme, die es in der materiellen Welt gibt. Die *Bhagavad-gītā* bezeichnet diese Vielfalt von Planeten in Millionen von materiellen Universen als nur ein Viertel der gesamten Schöpfungsenergie Gottes. Drei Viertel der Schöpfungsenergie des Herrn entfalten sich im spirituellen Himmel, der auch als *para-vyoma* oder Vaikuṇṭha-loka bekannt ist. Die Beschreibung der *Brahma-saṁhitā* hat wurde von der materialistischen Wissenschaft jetzt bestätigt, da sie von der Existenz einer antimateriellen Welt spricht.

Diesbezüglich gab eine Pressemeldung aus Moskau vom 21. Februar 1960 bekannt: „Der renommierte russische Astronomieprofessor Boris Woronzow-Weljaminow sagte, es müsse im Universum eine unendliche Zahl von Planeten geben, auf denen vernunftbegabte Wesen leben."

Diese Worte des russischen Astronomen sind die jüngste Bestätigung der Aussagen der *Brahma-saṁhitā* (5.40), welche die Beschreibung wie folgt zusammenfasst:

yasya prabhā prabhavato jagad-aṇḍa-koṭi-
koṭiṣv aśeṣa-vasudhādi-vibhūti-bhinnam
tad brahma niṣkalam anantam aśeṣa-bhūtaṁ
govindam ādi-puruṣaṁ tam ahaṁ bhajāmi

Laut dieser Aussage gibt es nicht nur eine unendliche Zahl von Planeten, wie auch der russische Astronom annimmt, sondern *auch eine unendliche Zahl von Universen*. Alle diese unendlich vielen Universen mit ihren unendlich vielen Planeten entstehen aus und schweben in den Brahman-Strahlen, die von Govindas (Śrī Kṛṣṇas) transzendentalem Körper ausgehen. Brahmā, die vorherrschende Gottheit des Universums, in dem wir leben, verehrt diesen urersten Herrn.

Der russische Astronom bestätigt auch, das alle Planeten – deren Zahl sich schätzungsweise auf mindestens einhundert Millionen beläuft – bewohnt sind. In der *Brahma-saṁhitā* heißt es, dass es in jedem einzelnen der unzähligen Universen eine unendliche Zahl von Planeten verschiedenster Art gibt.

Der Biologe Prof. Wladimir Alpatow teilt die Ansicht des Astronomen und meint, dass einige Planeten eine Entwicklungsstufe erreicht hätten, die jener der Erde entspreche. Aus Moskau heißt es weiter: „Es mag sein, dass auf solchen Planeten Leben existiert, das dem auf der Erde ähnlich ist. Der Chemiker Dr. Nikolai Schirow geht auf das Problem der Atmosphäre auf anderen Planeten ein und ist davon überzeugt, dass sich beispielsweise der Organismus eines Marsbewohners sehr gut an ein Leben mit konstant niedriger Körpertemperatur anpassen könne. Er meinte, dass die gasartige Zusammensetzung der Marsatmosphäre durchaus geeignet sei, um entsprechend angepassten Wesen eine Lebensgrundlage zu bieten."

Die Anpassungsfähigkeit von Organismen auf verschiedenartigen Planeten beschreibt die *Brahma-saṁhitā* als *vibhūti-bhinnam*. Jeder der unzähligen Planeten in einem Universum ist mit einer bestimmten Atmosphäre ausgestattet, und die Lebewesen dort sind je nach atmosphärischer Zusammensetzung auf Gebieten wie Wissenschaft und Psychologie mehr oder weniger fortgeschritten. *Vibhūti* bedeutet „besondere Kraft" und *bhinnam* bedeutet „vielfältig". Wissenschaftler, die mithilfe mechanischer Mittel das Weltall erkunden und andere Planeten erreichen wollen, sollten zur Kenntnis nehmen, dass an die Erdatmosphäre angepasste Organismen in der Atmosphäre anderer Planeten nicht existieren können. Demzufolge sind die Versuche des Menschen, den Mond, die Sonne oder den Mars zu erreichen, wegen der ganz anderen Atmosphären, die dort herrschen, zum Scheitern verurteilt. Jeder Einzelne kann aber trotzdem versuchen, den Planeten seiner Wahl durch psychologische Veränderungen in seinem Geist zu erreichen, denn der Geist ist der Kern des materiellen Körpers. Der allmähliche Entwicklungsprozess des materiellen Körpers hängt von den psychologischen Veränderungen im Geist ab. Die Metamorphose einer Raupe zu einem Schmetterling und – in der modernen Medizin – die Umgestaltung eines männlichen Körpers in einen weiblichen, oder umgekehrt, hängten weithin von psychologischen Faktoren ab.

Gemäß den Aussagen der *Bhagavad-gītā* (8.5) geht jemand, der seinen Geist im Augenblick des Todes auf die Persönlichkeit Gottes Śrī Kṛṣṇa konzentriert und dabei seinen Körper verlässt, auf der Stelle in die spirituelle Existenz in der antimateriellen Welt ein. Dies bedeutet, dass jeder, der seinen Geist regelmäßig darin schult, sich von der Materie abzuwenden und sich auf die spirituelle Form Gottes zu richten, indem er die vorgeschriebenen Regeln des hingebungsvollen Dienstes befolgt, das Reich Gottes im antimateriellen Himmel mühelos erreichen kann. Darüber besteht kein Zweifel.

Dasselbe gilt für die anderen Planeten im materiellen Himmel. Wenn jemand den Wunsch hat, kann er sofort nach Verlassen des gegenwärtigen Körpers dorthin gelangen. Wenn also jemand zum Mond reisen möchte, was derzeit versucht wird – oder zur Sonne oder zum Mars –, braucht er sich nur an die entsprechenden Vorgaben zu halten. Die *Bhagavad-gītā* (8.6) bestätigt dies wie folgt:

> Den Seinszustand, an den man im Augenblick des Todes denkt, wird man nach Verlassen des Körpers erreichen.

Mahārāja Bharata, der sein Leben lang schwere Bußen auf sich genommen hatte, dachte im Augenblick des Todes an ein Reh und musste deshalb nach dem Tod den Körper eines Rehs annehmen. Jedoch behielt er klare Erinnerungen an sein früheres Leben. Das ist ein sehr wichtiger Punkt. *Die Atmosphäre, die zur Zeit unseres Todes geschaffen wird, ist nichts anderes als die Auswirkung der Handlungen, die wir während unseres jetzigen Lebens ausführen.*

Das *Śrīmad-Bhāgavatam* (3.32.1–3) beschreibt, wie man zum Mond gelangen kann:

> Materialistisch gesinnte Menschen, die keinerlei Informationen über das Reich Gottes haben, sind wie verrückt nach Reichtum, Ruhm und Verehrung. Ihr Interesse gilt in erster Linie dem Wohl der eigenen Familie und der damit verbundenen persönlichen Befriedigung, aber sie haben auch ein Auge auf die Verbesserung sozialer Bedingungen und die Förderung des Allgemeinwohls. Diese Menschen erreichen ihre Ziele durch materielle Bemühungen. Sie erfüllen ihre vorgeschriebenen Pflichten mechanisch durch Riten und sind geneigt, die *pitṛs,* die verstorbenen Vorväter, und die lenkenden Halbgötter durch Opfer gemäß den Vorgaben der offenbarten Schriften zufriedenzustellen. Sie sind wie süchtig danach, derartige Opferhandlungen und Zeremonien auszuführen, wodurch sie nach dem Tod auf den Mond gelangen. Dort bekommen sie die Gelegenheit, das himmlische Getränk *soma-rasa* zu genießen.

Auf dem Mond ist der Halbgott Candra die vorherrschende Gottheit. Dort sind die Atmosphäre und die Lebensumstände sehr viel angenehmer und vorteilhafter als hier auf der Erde. Wenn jemand nach Erreichen des Mondes nicht die Gelegenheit nutzt, zu besseren Planeten erhoben zu werden, verliert er seine Stellung und muss zur Erde oder einem ähnlichen Planeten zurückkehren. Materialistische Menschen mögen zwar das höchste Planetensystem erreichen, werden jedoch zum Zeitpunkt der Auflösung des Universums ebenfalls mit Sicherheit vernichtet.

Was das Planetensystem des spirituellen Himmels betrifft, so gibt es im *para-vyoma* unzählige Vaikuṇṭha-Planeten. Die Vaikuṇṭhas sind spirituelle Planeten, erschaffen durch die innere Kraft des Herrn, deren Zahl dreimal so groß ist wie die der materiellen Planeten, die Schöpfungen der äußeren Energie sind. Die armseligen Materialisten sind fieberhaft darum bemüht, politische Veränderungen an einem Ort vorzunehmen, der in Gottes Augen völlig unbedeutend ist. Das gesamte Universum mit seinen unzähligen Planeten, ganz zu schweigen von unserem Planeten Erde, ist mit einem Senfkorn in einem Sack voller Senfkörner vergleichbar. Trotzdem schmieden materialistische Menschen Pläne, um hier ein angenehmes Leben zu führen, und verschwenden so ihre wertvolle Energie für etwas, das niemals Erfolg haben wird. Statt ihre Zeit mit Planungen zu vergeuden, sollten sie nach einem einfachen Leben und erhabenem spirituellem Denken streben. Das würde sie vor der unentwegten Ruhelosigkeit bewahren, die eine Folgeerscheinung des materiellen Daseins ist.

Wenn Materialisten aber unbedingt mehr materielle Annehmlichkeiten genießen wollen, können sie zu den vielen anderen Planeten reisen, wo sie immer bessere materielle Freuden erfahren können. Der beste Lebensplan besteht jedoch darin, sich darauf vorzubereiten, nach Verlassen des Körpers ein für alle Mal zum spirituellen Himmel zurückzukehren. Diejenigen, die trotzdem materielle Annehmlichkeiten in höchstem Maße genießen wollen, können sich auf andere Planeten erheben, doch nicht mit spielzeugartigen Sputniks, die höchstens für kindischen Zeitvertreib geeignet sind, sondern durch psychologische Einflussnahme und indem sie die Kunst erlernen, die Seele mithilfe mystischer Kräfte zu anderen Planeten zu befördern.

Aṣṭāṅga-yoga ist ebenfalls materialistisch, denn es lehrt, die Luftbewegungen im Körper zu beherrschen. Der spirituelle Funke, die Seele, schwebt im Körper auf der darin zirkulierenden Luft. Das Ein- und Ausatmen sind die Wogen dieser Luft, welche die Seele trägt. Das *yoga*-System ist eine materialistische Kunst, denn sie dient der Beherrschung dieser Luft. Der *yogī* leitet die Luft vom Magen zum Bauchnabel, von dort zur Brust, zum Schlüsselbein, zu den Augäpfeln, zum Kleinhirn und von dort zu jedem beliebigen Planeten. Materielle Wissenschaftler kennen die Geschwindigkeit von Luft und Licht, haben jedoch keine Ahnung von der Geschwindigkeit des Geistes und der Intelligenz. Wir haben eine gewisse Vorstellung von der Geschwindigkeit des Geistes, denn wir können unseren Geist innerhalb eines Augenblicks an Orte bewegen, die Hunderttausende, ja Millionen Kilometer entfernt liegen. Die Intelligenz ist noch feiner. Feiner als die Intelligenz ist die Seele, die nicht aus Materie, sondern aus spiritueller Substanz (Antimaterie) besteht. Die Seele ist Millionen Male feiner und mächtiger als die Intelligenz. Wir können uns also vorstellen, wie groß die Geschwindigkeit der Seele bei ihrer Reise von einem Planeten zum anderen ist. Selbstverständlich reist die Seele aus eigener Kraft, und nicht mithilfe eines materiellen Fahrzeugs.

Die heutige Zivilisation, die einer Gesellschaft von Tieren gleicht, in der Essen, Schlafen, Angst und Sinnengenuss im Mittelpunkt stehen, hat den modernen Menschen so irregeführt, dass er vergessen hat, was für eine mächtige Seele er ist. Wie bereits beschrieben, ist die Seele ein spiritueller Funke, der viele Male strahlender, leuchtender und mächtiger ist als Sonne, Mond oder Elektrizität. Wir verschwenden unser menschliches Leben, wenn wir nicht unsere wahre Identität erkennen. Śrī Caitanya Mahāprabhu erschien mit Nityānanda, um die Menschheit vor einer solch irregeleiteten Zivilisation zu bewahren.

Auch das *Śrīmad-Bhāgavatam* beschreibt, wie *yogīs* zu anderen Planeten reisen können. Wenn sie die Lebenskraft zum Kleinhirn erheben, kann es durchaus geschehen, dass diese Kraft aus Augen, Nase oder Ohren hervorbricht, da die siebte Umlaufbahn der Lebenskraft diese Organe durchläuft. Doch die *yogīs* können diese Öffnungen verschließen, indem sie alle Lebenslüfte zum vollständigen Stillstand bringen. Der *yogī* konzentriert dann die Lebenskraft auf die Stirnmitte, also auf den Punkt zwischen den Augenbrauen. Jetzt kann er an einen beliebigen Planeten denken, den er nach Verlassen des Körpers erreichen möchte. Er kann entscheiden, ob er zu Kṛṣṇas Reich in den transzendentalen Vaikuṇṭhas gehen möchte, von wo aus er nicht wieder in die materielle Welt zurückkommen muss, oder ob er zu höheren Planeten im materiellen Universum reisen will. Dem vollkommenen *yogī* stehen beide Möglichkeiten offen.

Für den vollkommenen *yogī*, der erfolgreich seinen Körper in vollkommenem Bewusstsein verlassen kann, ist die Reise von einem Planeten zum anderen so einfach wie der Gang eines gewöhnlichen Menschen von einem Ort zum anderen. Wie bereits erwähnt, ist der materielle Körper für die spirituelle Seele nur eine Hülle. Geist und Intelligenz bilden die innere Schicht, während der grobstoffliche Körper aus Erde, Wasser, Luft usw. die äußere Schicht bildet. Eine fortgeschrittene Seele, die durch *yoga* (den Verbindungsvorgang von Materie mit spiritueller Natur) ihre wahre Identität verstanden hat, kann diese hemd- und mantelgleichen Hüllen in vollkommenem Bewusstsein nach Belieben verlassen. Gottes Gnade erlaubt es uns, frei zu entscheiden. Da der Herr gütig ist, können wir überall leben – auf jedem beliebigen Planeten im spirituellen oder materiellen Himmel. Wenn wir diese Freiheit missbrauchen, fallen wir in die materielle Welt und müssen ein bedingtes Leben führen, das von den dreifachen Leiden geplagt ist. Ein elendes Leben in der materiellen Welt zu führen, ist eine Entscheidung der Seele, nicht Zufall, wie Milton in seinem epischen Gedicht *Das verlorene Paradies* anschaulich darstellt. Von der materiellen Welt aus kann sie aber auch die Entscheidung treffen, nach Hause, zu Gott, zurückzukehren.

Wenn der kritische Zeitpunkt gekommen ist, die Lebenskraft zwischen den Augenbrauen zu sammeln, muss sich die Seele entscheiden, wohin sie gehen will. Ist sie nicht mehr geneigt, die Verbindung mit der materiellen Welt aufrechtzuerhalten, kann sie in weniger als einer Sekunde die transzendentalen Vaikuṇṭha-Planeten erreichen und dort in einem für die spirituelle Atmosphäre geeigneten spirituellen Körper erscheinen. Die Seele muss nur den Wunsch haben, sowohl die fein- als auch die grobstofflichen Formen der materiellen Welt hinter sich zu lassen, und die Lebenskraft zum höchsten Punkt des Schädels erheben. Dann kann sie den Körper durch die *brahma-randhra*-Öffnung in der Schädeldecke verlassen. Das ist die höchste Vollkommenheit des *yoga*.

Aber der Mensch hat freien Willen. Wenn er sich nicht aus der materiellen Welt befreien will, kann er das Leben genießen, indem er Brahmās Posten *(brahma-pāda)* übernimmt und Siddhaloka besucht, den Planeten der materiell perfekten Wesen, die volle Kontrolle über Schwerkraft, Raum, Zeit usw. haben. Um diese höheren Planeten im materiellen Universum zu erreichen, braucht man seinen Geist und seine Intelligenz (die feinere Materie) nicht aufzugeben, sondern muss lediglich die grobstoffliche Materie hinter sich lassen.

Sputniks, genauer gesagt menschengemachte mechanische Planeten, werden niemals in der Lage sein, dem Menschen interplanetarische Reisen zu ermöglichen. Der Mensch kann sich nicht einmal auf dem Mond aufhalten, denn wie bereits erklärt, unterscheidet sich die Atmosphäre auf den höheren Planeten von der Erdatmosphäre. Jeder Planet hat eine bestimmte Atmosphäre. Wenn man also zu einem anderen Planeten im materiellen Universum reisen will, muss man sich ein Hemd und einen Mantel (einen grob- und feinstofflichen materiellen Körper) anfertigen lassen, die für die klimatischen Bedingungen des jeweiligen Planeten geeignet sind. Das folgende Beispiel wird dies verdeutlichen: Will man von Indien nach Europa reisen, muss man sich dem Klima entsprechend anders kleiden. Ähnlich verhält es sich mit der Reise zu den transzendentalen Vaikuṇṭha-Planeten. Ein kompletter Kleider- bzw. Körperwechsel ist erforderlich.

Im Unterschied hierzu brauchen wir, wenn wir zum höchsten materiellen Planeten reisen wollen, das feinstoffliche Kleid aus Geist, Intelligenz und Ego nicht zu wechseln, nur das grobstoffliche Kleid aus Erde, Wasser, Feuer, Luft und Äther. Wollen wir jedoch auf einen transzendentalen Planeten gelangen, müssen wir sowohl den feinstofflichen als auch den grobstofflichen Körper wechseln, denn wir können den spirituellen Himmel nur in einem rein spirituellen Körper erreichen. Dieser Kleiderwechsel wird wie von selbst stattfinden, wenn wir zur Todesstunde den entsprechenden Wunsch haben, was jedoch nur geschieht, wenn wir ihn zu Lebzeiten genährt haben. Wenn wir solche Wünsche in Beziehung zur materiellen Welt nähren, bezeichnet man diese Wünsche als fruchtbringende Handlungen. Wenn wir solche Wünsche in Beziehung zum

Reich Gottes nähren, bezeichnet man sie als hingebungsvollen Dienst. Die folgenden allgemeingültigen Unterweisungen dienen zur Vorbereitung auf eine unbeschwerte Reise zu den antimateriellen Vaikuṇṭha-Planeten, zu einem Leben frei von Geburt, Tod, Alter und Krankheit.

1. Der ernsthafte Aspirant muss einen echten spirituellen Meister annehmen, um sich – noch mit seinen derzeitigen Sinnen – wissenschaftlich ausbilden zu lassen. Da die Sinne aus Materie bestehen, ist es nicht möglich, mit diesen materiellen Sinnen die Transzendenz zu erkennen. Daher müssen die Sinne unter Anleitung eines spirituellen Meisters spiritualisiert werden, so wie man kleinen Kindern Dinge systematisch und Schritt für Schritt erklärt.
2. Wenn der Schüler einen echten spirituellen Meister ausgewählt hat, muss er sich von ihm ordnungsgemäß einweihen lassen. Dies stellt den Anfang der spirituellen Ausbildung dar.
3. Er muss auch dazu bereit sein, den spirituellen Meister in jeder Hinsicht zufriedenzustellen. Ein echter spiritueller Meister, der sich in der spirituellen Wissenschaft auskennt, der in den spirituellen Schriften wie der *Bhagavad-gītā,* dem *Vedānta,* dem *Śrīmad-Bhāgavatam* und den Upaniṣaden bewandert ist und der außerdem eine verwirklichte Seele ist, die eine spürbare Verbindung zum Höchsten Herrn hergestellt hat, ist ein transparentes Medium, das den willigen Aspiranten auf den Pfad nach Vaikuṇṭha führen kann. Es ist ein Muss, den spirituellen Meister in jeglicher Hinsicht zufriedenzustellen, denn schon allein durch sein Wohlwollen kann der Aspirant auf dem spirituellen Pfad erstaunlichen Fortschritt verzeichnen.

4. Der intelligente Aspirant stellt dem spirituellen Meister relevante Fragen, um alle Unklarheiten aus dem Weg zu räumen. Der spirituelle Meister weist ihm den Weg nicht nach seinen eigenen Vorstellungen, sondern in Übereinstimmung mit den Lehrgrundsätzen großer Weiser, die den Pfad bereits beschritten haben. Die Namen dieser weisen Autoritäten sind in den Schriften angegeben; man muss ihnen einfach unter Anleitung des spirituellen Meisters folgen. Der spirituelle Meister weicht nie vom Pfad der Autoritäten ab.
5. Der Aspirant sollte sich stets bemühen, in die Fußstapfen der großen Weisen zu treten, die den Vorgang mit Erfolg praktiziert haben. Er sollte es sich zum Leitsatz machen, solche Weisen nicht oberflächlich nachzuahmen, sondern ihnen gemäß Zeit und Umständen nach bestem Wissen und Gewissen zu folgen.
6. Der Aspirant muss auch bereit sein, seine Gewohnheiten gemäß den Anweisungen der autoritativen Bücher zu ändern und, Arjunas Beispiel folgend, zur Zufriedenheit des Herrn sowohl Sinnenbefriedigung als auch Sinnenverleugnung aufzugeben.
7. Der Aspirant sollte in einer spirituellen Atmosphäre leben.
8. Er sollte sich mit so viel Besitz zufriedengeben, wie für seinen Unterhalt ausreicht. Mit anderen Worten, er sollte nicht mehr Besitz anhäufen, als er für ein einfaches Leben braucht.
9. Er muss die Fastentage einhalten, unter anderem den jeweils elften Tag nach dem zunehmenden und dem abnehmenden Mond.
10. Er muss den Banyan-Baum, die Kuh, den gelehrten

brāhmaṇa und den Gottgeweihten achten. Das sind die ersten Schritte in Richtung des hingebungsvollen Dienstes. Nach und nach muss er auch die Dinge berücksichtigen, die sich negativ auf seine Praktik auswirken:

11. Er sollte Vergehen bei der Ausführung des hingebungsvollen Dienstes und beim Chanten der heiligen Namen vermeiden.
12. Er sollte zu engen Umgang mit Nichtgottgeweihten vermeiden.
13. Er sollte nicht zu viele Schüler annehmen. Dies bedeutet, dass ein Aspirant, der die ersten zwölf Regeln befolgt, selbst spiritueller Meister werden kann, ebenso wie ein älterer Schüler in der Klasse eine begrenzte Zahl von Schülern beaufsichtigt.
14. Er darf sich nicht in Szene setzen und als großer Gelehrter ausgeben, nur weil er viele Schriften zitieren kann. Er muss über fundiertes Wissen der erforderlichen Bücher ohne überflüssiges Wissen aus anderen Quellen verfügen.
15. Ein regelmäßiges und erfolgreiches Befolgen der obengenannten 14 Punkte wird es dem Aspiranten ermöglichen, selbst bei schweren Prüfungen, die materiellen Verlust und Gewinn mit sich bringen, Gleichmut zu bewahren.
16. Auf der nächsten Stufe lässt sich der Aspirant weder von Klagen noch von Illusion überwältigen.
17. Er macht sich über die religiösen Rituale oder Verehrungsformen anderer nicht lustig, und er äußert sich auch nicht abfällig über den Herrn oder Seine Geweihten.
18. Er duldet es nicht, wenn jemand den Herrn oder Seine Geweihten beleidigt.
19. Er sollte nicht an Gesprächen über die Beziehung

zwischen Mann und Frau teilnehmen oder über belanglose Themen reden, die mit dem Familienleben anderer zu tun haben.

20. Er sollte keinem Lebewesen – welches auch immer es sein mag – körperlich oder psychisch Schmerz zufügen.

Von den oben genannten 20 Punkten sind die ersten drei für den ernsthaften Aspiranten unerlässlich und am wesentlichsten.

Es gibt noch 44 andere Punkte, die ein ernsthafter Aspirant beachten sollte, doch Śrī Caitanya hat davon fünf ausgewählt, die unter Berücksichtigung der derzeitigen Lebensumstände der Menschheit besonders wichtig sind:

1. *Man soll die Gemeinschaft mit Gottgeweihten suchen.* Die Gemeinschaft mit Gottgeweihten wird ermöglicht, indem man aufmerksam von ihnen hört, ihnen relevante Fragen stellt, ihnen Speisen anbietet, von ihnen Speisen annimmt, ihnen Spenden gibt und von ihnen alles entgegennimmt, was sie anbieten.
2. *Man sollte den heiligen Namen des Herrn unter allen Umständen chanten.* Das Chanten der Namen des Herrn ist eine einfache Methode, die keine Ausgaben erfordert. Man kann jeden der unzähligen Namen des Herrn jederzeit chanten. Gleichzeitig soll man versuchen, Vergehen zu vermeiden. Es gibt zehn Vergehen beim Chanten der transzendentalen Namen. Diese muss man so weit wie möglich vermeiden. Doch soll man auf jeden Fall und zu jeder Zeit den heiligen Namen des Herrn chanten.
3. *Man sollte die transzendentalen Beschreibungen des Śrīmad-Bhāgavatam hören.* Dieses Hören wird durch

öffentliche Vorträge und gedruckte Literatur ermöglicht.

4. *Man sollte in Mathurā, Kṛṣṇas Geburtsort, wohnen* oder sein Zuhause in Mathurā verwandeln, indem man die Bildgestalt des Herrn aufstellt. Nach der ordnungsgemäßen Einweihung durch den spirituellen Meister können dann alle Mitglieder der Familie an der Verehrung teilnehmen.
5. *Man soll die Bildgestalt mit Achtsamkeit und Hingabe verehren, damit die Atmosphäre zu Hause der im Reich des Herrn gleicht.* Dies wird durch die Anweisungen des spirituellen Meisters möglich, der die transzendentale Kunst kennt und dem Aspiranten die richtige Vorgehensweise zeigt.

Die fünf obengenannten Punkte kann jeder auf der ganzen Welt in sein Leben integrieren und sich so anhand dieser einfachen, von Autoritäten wie Śrī Caitanya Mahāprabhu anerkannten Methode darauf vorbereiten, nach Hause, zu Gott, zurückzukehren. Śrī Caitanya kam eigens in diese Welt, um die gefallenen Seelen der heutigen Zeit zu retten.

Weitere Einzelheiten zu diesem Thema kann man in Schriften wie dem *Bhakti-rasāmṛta-sindhu* finden, von dem es auch eine zusammenfassende Studie mit dem Titel *Der Nektar der Hingabe* gibt.

Wenn man in den spirituellen Himmel gelangen will, muss man nach und nach die materielle Zusammensetzung der grob- und feinstofflichen Hüllen der spirituellen Seele auflösen. Die zuletzt erwähnten fünf hingebungsvollen Praktiken sind spirituell so wirkungsvoll, dass ein aufrichtiger Gottgeweihter sogar schon auf der Anfangsstufe sehr schnell *bhāva* (die Vorstufe von Liebe zu Gott) erreichen kann, was bedeutet, dass er Gefühlsregungen auf der spirituellen Ebene – jenseits der intellektuellen Ebene des

Geistes – erfahren kann. Das vollständige Eintauchen in solche spirituellen Gefühle bewirkt eine vollkommene psychologische Wandlung, die den Aspiranten in jeder Hinsicht qualifiziert, nach Verlassen des materiellen Körpers in den spirituellen Himmel zu gelangen. Diese emotionale, durch Gottesliebe bewirkte Vollkommenheit des Gottgeweihten führt dazu, dass er sich, obwohl er noch in einem materiellen Körper lebt, bereits auf der spirituellen Ebene befindet, geradeso wie rotglühendes Eisen sich nicht mehr wie Eisen, sondern wie Feuer verhält. Diese Dinge werden durch die von der materiellen Wissenschaft nicht messbare subtile Bindungskraft der unbegreiflichen Energie des Herrn möglich. Der Aspirant sollte sich daher der Aufgabe, hingebungsvollen Dienst auszuführen, mit absolutem Vertrauen widmen. Um dieses Vertrauen zu festigen, muss er die Gemeinschaft mit vorbildlichen Geweihten des Herrn anstreben, entweder durch persönlichen Umgang oder durch Kontakt auf der mentalen Ebene. Auf diese Weise wird er allmählich echten hingebungsvollen Dienst für den Herrn entwickeln, was dazu führen wird, dass alle materiellen Befürchtungen und Zweifel in kürzester Zeit verschwinden. Alle diese verschiedenen Stufen spiritueller Verwirklichung wird der Aspirant an sich selbst erfahren, wodurch er zu der festen Überzeugung kommen wird, dass er auf dem Weg zum spirituellen Himmel spürbaren Fortschritt verzeichnet. Folglich wird in ihm eine von Herzen kommende Verbundenheit mit dem Herrn und Seinem Reich entstehen. Das ist die stufenweise Entwicklung von Liebe zu Gott, dem höchsten Gebot und Ziel des menschlichen Lebens.

Im Laufe der Geschichte hat es viele große Persönlichkeiten gegeben – unter ihnen Weise und Könige –, die durch diese Methode die Vollkommenheit erreicht haben. Manche von ihnen waren erfolgreich, obwohl sie sich nur einer einzigen Form von hingebungsvollem Dienst mit Überzeugung und Ausdauer gewidmet haben. Einige dieser Persönlichkeiten werden im Folgenden aufgeführt.

1. Mahārāja Parīkṣit erreichte die spirituelle Ebene, indem er von einer Autorität wie Śrī Śukadeva Gosvāmī *hörte.*
2. Śrī Śukadeva Gosvāmī bekam dasselbe Ergebnis, indem er die transzendentale Botschaft, die er von seinem berühmten Vater Śrī Vyāsadeva empfangen hatte, wortwörtlich *wiederholte.*
3. Prahlāda Mahārāja war erfolgreich, indem er sich fortwährend, gemäß den Unterweisungen des großen Heiligen und Gottgeweihten Śrī Nārada Muni, an den Herrn *erinnerte.*
4. Lakṣmījī, die Glücksgöttin, war erfolgreich, indem Sie neben dem Herrn saß und *Seinen Lotosfüßen diente.*
5. König Pṛthu erlangte Erfolg, indem er den Herrn *verehrte.*
6. Akrūra, der Wagenlenker, erreichte Erfolg, indem er zum Herrn *betete.*
7. Hanumān (Mahāvīra), der berühmte nichtmenschliche Geweihte Śrī Rāmacandras, war erfolgreich, indem er *die Weisungen des Herrn befolgte.*
8. Arjuna, der große Krieger, erlangte dieselbe Vollkommenheit, indem er mit dem Herrn, der die Botschaft der *Bhagavad-gītā* übermittelte, um Arjuna und seine Nachfolger zu erleuchten, *Freundschaft schloss.*
9. Bali Mahārāja hatte Erfolg, indem er dem Herrn *alles hingab,* sogar seinen eigenen Körper.

Dies sind die neun Standardformen hingebungsvollen Dienstes, und ein Aspirant kann sich entscheiden, je nach

Wunsch einen, zwei, drei, vier oder alle Dienste auszuführen. Da alle Dienste dem Absoluten dargebracht werden, sind sie ebenfalls absolut. Es gibt keine quantitativen oder qualitativen Unterschiede, so wie dies auf der materiellen Ebene der Fall ist. Auf der spirituellen Ebene herrscht transzendentale Vielfalt, obwohl alles mit allem anderen identisch ist. Mahārāja Ambarīṣa verrichtete alle oben aufgeführten neun Arten hingebungsvollen Dienstes und erlangte das gleiche Ergebnis. Er konzentrierte seinen Geist auf die Lotosfüße des Herrn, benutzte seine Stimme, um die spirituelle Welt zu beschreiben, reinigte mit seinen Händen den Tempel des Herrn, hörte mit seinen Ohren ergeben die Worte Śrī Kṛṣṇas, betrachtete mit seinen Augen die Bildgestalten des Herrn, berührte mit seinem Körper die Gottgeweihten, atmete mit seiner Nase den Duft der Blumen ein, die dem Herrn geopfert worden waren, kostete mit seiner Zunge die dem Herrn geopferten Speisen und bewegte seine Beine, um den Tempel des Herrn zu besuchen. Auf diese Weise stellte er seine gesamte Lebensenergie in den Dienst des Herrn, ohne auch nur im Geringsten die eigenen Sinne befriedigen zu wollen. Alle diese Handlungen halfen ihm, die vollkommene Stufe des spirituellen Lebens zu erreichen, angesichts derer auch die größten Errungenschaften der materiellen Wissenschaft verblassen.

Es ist daher die Pflicht aller Menschen, sich diese Prinzipien spiritueller Verwirklichung zu Eigen zu machen, um die Vollkommenheit des Lebens zu erreichen. Der Mensch hat eigentlich keine andere Pflicht, als spirituelle Verwirklichung zu erlangen. Leider ist die Menschheit im Rahmen der modernen Zivilisation zu sehr damit beschäftigt, nationalen Pflichten nachzukommen. Nationale, soziale und humanitäre Pflichten sind aber nur für diejenigen bindend, die keine spirituellen Pflichten erfüllen. Sobald ein Mensch auf der Erde geboren wird, hat er nicht nur nationale, soziale und humanitäre Pflichten, sondern auch Pflichten gegenüber den Halbgöttern, die ihn mit Luft, Licht, Wasser und so vielen anderen Dingen versorgen. Ebenso stehen wir Menschen in der Schuld der großen Weisen, die einen unermesslichen Wissensschatz hinterlassen haben, um uns durchs Leben zu führen. Wir sind allen möglichen Lebewesen verpflichtet – den Vorvätern, Familienmitgliedern und so weiter und so fort. Doch sobald wir uns der einen, wirklichen Pflicht widmen, nämlich spiritueller Vervollkommnung, erfüllen wir damit alle anderen Pflichten und brauchen uns nicht mehr um die Erfüllung jeder einzelnen Pflicht zu kümmern.

Ein Geweihter des Herrn ist niemals ein störendes Element in der Gesellschaft – im Gegenteil, er wird für alle anderen ein wertvolles Mitglied. Gottgeweihte widerstehen sündhaften Handlungen nach besten Kräften. Wenn also jemand ein Gottgeweihter wird, kann er der Gesellschaft sowohl in diesem als auch im nächsten Leben einen unschätzbaren selbstlosen Dienst erweisen, indem er dazu beiträgt, dass alle Bürger in Frieden und Wohlstand leben. Selbst wenn solch ein Gottgeweihter unbeabsichtigt etwas Unerwünschtes tut, bringt der Herr ihn sehr schnell wieder auf den richtigen Weg. Daher braucht ein Gottgeweihter kein überflüssiges Wissen zu erwerben oder alles aufzugeben. Er kann ohne Bedenken weiter zu Hause wohnen und in jedem Lebensstand mühelos hingebungsvollen Dienst ausführen. In der Geschichte hat es ausgesprochen grausame Menschen gegeben, die allein dadurch, dass sie hingebungsvollen Dienst ausführten, zu gutherzigen Menschen wurden. Wissen und Entsagung ergeben sich im Leben eines reinen Gottgeweihten wie von selbst, ohne dass er sich darum besonders bemühen müsste.

Diese spirituelle Kunst und Wissenschaft des hingebungsvollen Dienstes ist der höchste Beitrag, den indische Weise der Welt geleistet haben. Daher sind insbesondere alle gebürtigen Inder dazu verpflichtet, das eigene Leben zur Vollkommenheit zu führen, indem sie ihr Leben nach den Prinzipien dieser einmaligen Kunst und Wissenschaft gestalten und dann diese Methode in der restlichen Welt verbreiten, wo das höchste Ziel des Lebens immer noch unbekannt ist. Der Menschheit ist es bestimmt, diese Stufe der Vollkommenheit zu erreichen, indem sie nach und nach ihr Wissen erweitert. Indische Weise haben diese Stufe bereits erreicht. Warum sollte also der Rest der Menschheit Tausende von Jahren warten müssen, bis er auf die gleiche Stufe gelangt? Warum sollte man den Menschen nicht gleich dieses Wissen gezielt vermitteln, damit sie Zeit und Energie sparen? Die Menschen sollten ein Leben, auf das sie vielleicht Millionen von Jahren hingearbeitet haben, voll nutzen.

Ein russischer Romanschriftsteller hat vor Kurzem öffentlich die Meinung vertreten, wissenschaftlicher Fortschritt werde dem Menschen zu ewigem Leben verhelfen. Natürlich glaubt er nicht an ein höchstes Wesen, einen Schöpfer. Trotzdem ist diese Äußerung erfreulich, denn ich bin davon überzeugt, dass wahrer Fortschritt auf dem Gebiet wissenschaftlicher Erkenntnisse den Menschen zum spirituellen Himmel erheben wird und dass dann die Wissenschaftler erkennen, dass es einen höchsten Schöpfer mit einer Fülle von Energien gibt, die jenseits aller materiellen wissenschaftlichen Vorstellungen liegen.

Wie bereits erwähnt, hat jedes Lebewesen eine ewige Gestalt, doch muss es seine äußeren Hüllen (die grob- und feinstofflichen Körper) wechseln. Dieser Wandlungsprozess ist als Leben und Tod bekannt. Solange ein Lebewesen sich die Fesseln materieller Knechtschaft anlegen muss, wird es von diesem Wandlungsprozess, der sogar

His Divine Grace A. C. Bhaktivedanta Swami Prabhupāda

Gründer-*Ācārya* der Internationalen Gesellschaft für Krishna-Bewusstsein

Das antimaterielle Teilchen innerhalb des materiellen Körpers durchläuft Kindheit, Jugend und Alter, lässt dann den alten und unbrauchbar gewordenen Körper zurück und nimmt einen neuen Körper an.

Kṛṣṇa gab dieses Wissen an den Sonnengott Vivasvān weiter, der dann Manu, den Vater der Menschheit, darin unterwies. Dieser wiederum unterwies Ikṣvāku.

Meisterhafte Yogis, die durch das Ausüben mystischer Fähigkeiten das antimaterielle Teilchen im Körper kontrollieren, können ihren Körper willentlich zu einem günstigen Zeitpunkt aufgeben. Auf diese Weise können sie durch einen speziellen Pfad, der die materiellen und antimateriellen Welten verbindet, in die antimateriellen Welten gelangen.

Die Ausübung von *bhakti-yoga* wurde durch Kṛṣṇa, den Herrn selbst, in Seiner höchst erhabenen, weitherzigen und freigiebigen Erscheinung als Śrī Caitanya, insbesondere in diesem eisernen Zeitalter, leicht umsetzbar gemacht.

In der *Bhagavad-gītā* heißt es, dass es Hunderttausende materieller Universen gibt und dass all diese zusammen nur ein Viertel der schöpferischen Energie des Herrn ausmachen. Die übrigen drei Viertel der schöpferischen Energie des Herrn sind als die spirituelle Welt, Vaikuṇṭha-loka genannt, manifestiert.

Das Höchste Wesen ist die allanziehende Persönlichkeit Gottes, Śrī Kṛṣṇa.

Kṛṣṇa steigt in einer Vielzahl transzendentaler Formen auf die Erde hinab, um den Verfall religiöser Prinzipien zu berichtigen. Diese Formen bestehen jedoch auf verschiedenen spirituellen Planeten jenseits von Zeit und Raum ewiglich fort.

noch auf der höchsten Stufe des materiellen Lebens stattfindet, nicht verschont. Der russische Romanschriftsteller mag weiter in seiner Fantasiewelt leben, wozu alle Schriftsteller eine Neigung haben, doch vernünftigere Menschen mit ein wenig Kenntnis der Naturgesetze werden der Idee, dass der Mensch in der materiellen Welt für immer leben kann, nicht zustimmen.

Ein Naturkundler kann sehen, wie die materielle Natur wirkt, indem er einfach eine Frucht am Baum studiert. Aus einer Blüte entsteht eine kleine Frucht, die langsam heranwächst. Sie bleibt eine Zeit lang am Baum hängen, erreicht ihre volle Größe und Reife, schrumpft danach Tag für Tag, bis sie schließlich auf den Erdboden fällt. Dort beginnt sie zu verfaulen und vermischt sich am Ende mit der Erde, wo sie ihren Samen zurücklässt, der wiederum zu einem Baum heranwächst und zu gegebener Zeit viele Früchte trägt, denen das gleiche Schicksal widerfährt.

Ähnlich verhält es sich mit dem Lebewesen, dem spirituellen Funken und Teil des Höchsten Wesens, das seine organische Form gleich nach dem Geschlechtsverkehr im Mutterleib entwickelt, wo es allmählich heranwächst. Nach der Geburt wächst es weiter, wird zum Säugling, Kind, Jugendlichen, Erwachsenen und so weiter, wird dann immer gebrechlicher und fällt schließlich – trotz aller frommen Wünsche und hoffnungsvollen Fantasievorstellungen von Romanschriftstellern – dem grausamen Tod in die Hände. Zwischen den beiden organischen Körpern – dem des Mannes und dem der Frucht – besteht kein wesentlicher Unterschied. Wie die Frucht mag auch der Mann seine Samen in Form zahlreicher Kinder hinterlassen, jedoch kann er aufgrund der Gesetze der materiellen Natur nicht für immer in einem materiellen Körper bleiben.

Wie kann also jemand wie der Romanschriftsteller die Gesetze der materiellen Natur ignorieren? Kein materieller

Wissenschaftler kann die strengen Naturgesetze ändern, wie sehr er auch damit prahlen mag. Kein Astronom kann den Lauf der Planeten verändern. Er kann höchstens einen Spielzeugplaneten vom Typ Sputnik konstruieren. Unwissende Kinder mögen sich von einem fliegenden Sputnik beeindrucken lassen, doch der vernünftigere Teil der Menschheit würdigt mehr den Schöpfer der gigantischen Sputniks – der Sterne und Planeten –, deren Zahl die materiellen Wissenschaftler auf etwa 100 Millionen oder mehr schätzen. Wenn ein kleiner Spielzeugsputnik einen Schöpfer in Russland hat, warum sollen die gigantischen Sputniks im spirituellen Himmel keinen Schöpfer haben? Wenn so viel wissenschaftlicher Sachverstand erforderlich ist, um einen Spielzeugsputnik herzustellen, was spricht dann gegen ein noch vollkommeneres und feineres Gehirn, das die gigantischen Sputniks erschaffen hat? Bis jetzt haben wir von denjenigen, die keinen Glauben und nur wenig Wissen haben, bezüglich dieser These eines höchsten Schöpfers keine Antwort bekommen.

Diese Ungläubigen verbreiten ihre eigenen Schöpfungstheorien, wobei sie viele von Zweifeln durchsetzte Formulierungen verwenden, wie zum Beispiel „Das ist schwer zu verstehen“, „Das liegt jenseits unserer Vorstellungskraft, aber es ist durchaus möglich“, „Es ist unbegreiflich“, „Es ist unwahrscheinlich“ und so weiter. Aus solchen Aussagen wird deutlich, dass die Informationen von Leuten wie dem Romanschriftsteller jeglicher Grundlage entbehren und nicht auf wissenschaftliche Daten gestützt sind. Es handelt sich um reine Hypothesen. Wir können aber auf autoritative Quellen gestützte Informationen in der *Bhagavad-gītā* finden, wonach es zum Beispiel in der materiellen Welt Lebewesen gibt, deren Lebensdauer 4 320 000 × 1000 × 2 × 30 × 12 × 100 Sonnenjahre beträgt. Man kann die *Bhagavad-gītā* als autoritative Quelle akzeptieren, denn selbst die großen indischen Weisen der Neuzeit, unter ihnen Śaṅkarācārya, Śrī Rāmānujācārya, Śrī Madhvācārya und Śrī Caitanya Mahāprabhu, haben dieses Buch des Wissens als authentisch anerkannt. Aber selbst eine so lange Lebensdauer ist keine Garantie für Todlosigkeit in der Materie.

Alle materiellen Formen unterliegen dem Gesetz des Wandels, obwohl die materielle Energie an sich erhalten bleibt. Energie in ihrer Urform ist ewig, doch in der materiellen Welt bildet sich eine Form, die eine Zeit lang bestehen bleibt, ihre volle Reife erlangt, alt wird, zu zerfallen beginnt und letzten Endes wieder verschwindet. Das ist der Lauf aller materiellen Dinge. Die Mutmaßung der Materialisten, dass es jenseits des materiellen Himmels eine andere Form gebe, die jenseits der Grenzen unserer Wahrnehmung liege und die ungewöhnlich und unbegreiflich sei, ist nur eine vage Andeutung des im spirituellen Himmel existierenden Urprinzips. Dieses Urprinzip des spirituellen Seins [die Seele] ist in allen Lebewesen gegenwärtig. Wenn dieses spirituelle Prinzip den materiellen Körper verlässt, finden im Körper keine Veränderungen mehr statt. Im Körper eines Kindes ist dasselbe spirituelle Prinzip gegenwärtig, weshalb im Körper Veränderungen stattfinden und dieser sich entwickelt. Wenn hingegen die spirituelle Seele den Körper aus irgendeinem Grund verlassen muss, mag man diesen mit chemischen Mitteln konservieren, doch wird er sich nicht weiter entwickeln. Dieses Gesetz ist auf jedes materielle Objekt anwendbar. Materie verändert ihre Form nur, wenn sie mit der spirituellen Seele in Berührung ist. Ohne die spirituelle Seele findet keine Veränderung statt. Das ganze Universum entwickelt sich auf diese Weise. Es entsteht aus der Energie der Transzendenz. Angetrieben von der spirituellen Kraft, entwickelt sich der [universale] Körper zu gigantischen Formen wie Sonne, Mond und Erde. Es gibt 14 Planetensysteme im Universum, jedes mit seinen ihm eigenen Dimensionen und Eigenschaften, doch für alle gilt dasselbe Entwicklungsprinzip. Folglich ist die spirituelle Kraft der Schöpfer, denn nur durch dieses spirituelle Prinzip finden Wandel, Übergangsphase und Entwicklung statt.

Was das Leben betrifft, so sollten alle Romanschriftsteller verstehen, dass es nicht durch einen materiellen Vorgang, wie bei einer chemischen Reaktion, entsteht. Die Wechselwirkung materieller Elemente wird von einem höheren Wesen in Gang gesetzt, das günstige Umstände schafft, um die spirituelle Lebenskraft zu beherbergen. Die höhere Energie steuert die Materie in Übereinstimmung mit dem freien Willen des spirituellen Wesens. Zum Beispiel reagieren Baumaterialien nicht einfach so und nehmen die Form eines Wohnhauses an. Es ist ein lebendiges spirituelles Wesen, das durch seinen freien Willen auf die Materialien Einfluss nimmt und sich so ein Haus baut. Ähnlich verhält es sich mit der Materie. Sie ist nur das Baumaterial, aber es ist die spirituelle Kraft, die als Schöpfer wirkt. Der Schöpfer mag unsichtbar im Hintergrund bleiben, doch dies bedeutet nicht, dass es keinen Schöpfer gibt. Zu solch einer Schlussfolgerung kommt nur jemand mit dürftigem Wissen. Wir sollten uns nicht durch die gigantischen Dimensionen des Universums täuschen lassen. Vielmehr sollten wir lernen, hinter all diesen materiellen Erscheinungen die Existenz eines gigantischen Gehirns zu sehen. Das höchste Wesen, das solch ein gigantisches Gehirn besitzt, welches quantitativ so viel größer ist als unseres, ist der urerste Schöpfer, die allanziehende Persönlichkeit Gottes Śrī Kṛṣṇa. Wir haben vielleicht nicht die nötigen Informationen über den Schöpfer, aber es gibt diese Information in den vedischen Schriften, insbesondere im *Śrīmad-Bhāgavatam*.

Wenn ein Sputnik ins Weltall geschossen wird, kann ein Kind nicht verstehen, dass hinter dieser Aktion der Verstand eines Wissenschaftlers steht, doch ein Erwachsener weiß sehr wohl, dass ein höherer Verstand den Sputnik steuert. Ebenso mögen weniger intelligente Menschen nichts über den Schöpfer und Sein ewiges Reich in der spirituellen Welt fernab unserer Sicht wissen, doch in der Tat gibt es einen spirituellen Himmel mit spirituellen Planeten, die größer und zahlreicher sind als die Planeten des materiellen Himmels. Aus der *Bhagavad-gītā* erfahren wir, dass die materiellen Planeten im Vergleich zu den spirituellen Planeten nur ein Viertel der Schöpfung ausmachen. Mehr Information findet man im *Bhāgavata Purāṇa* und in anderen vedischen Schriften.

Wenn es möglich wäre, im Labor eines Wissenschaftlers durch die Interaktion chemischer Verbindungen lebendige Energie zu erzeugen, warum haben dann die großspurigen materiellen Wissenschaftler bisher kein Leben erschaffen? Sie sollten ein für alle Mal begreifen, dass sich die spirituelle Kraft von der Materie unterscheidet und dass diese Art von Energie durch keinerlei materielle Experimente erzeugt werden kann. Derzeit haben unsere russischen Brüder in vielen Bereichen technologischer Wissenschaft ohne Zweifel große Fortschritte erzielt, doch fehlt es ihnen an Wissen der spirituellen Wissenschaft. Sie müssen diese Wissenschaft von einem Verstand höherer Ordnung lernen, um eine vollkommene und fortschrittliche menschliche Gesellschaft zu schaffen.

Im *Bhāgavata Purāṇa* finden wir eine perfekte Beschreibung der sozialistischen Philosophie, die unsere russischen Brüder dort studieren könnten. Das *Bhāgavatam* lässt uns wissen, dass alle existierenden Reichtümer, das heißt alle natürlichen Ressourcen (der Landwirtschaft, des Bergbaus usw.) vom höchsten Schöpfer bereitgestellt worden sind, was jedem Lebewesen das Recht gibt, an diesen Reichtümern teilzuhaben. Demzufolge darf man nur so viel Reichtum besitzen, wie zur Erhaltung des Körpers notwendig ist. Wer mehr begehrt oder sich mehr nimmt, als ihm zusteht, macht sich strafbar. Das *Bhāgavatam* sagt auch, dass Lebewesen, die mit dem Menschen leben, zum Beispiel Katzen, Hunde, Kamele, Kühe, Mäuse, Affen oder sogar Schlangen, wie die eigenen Kinder behandelt werden sollten.

Es ist unsere Überzeugung, dass keine Nation auf Erden den Sozialismus so vollendet konzeptualisieren kann, wie ihn das *Śrīmad-Bhāgavatam* beschreibt. Nichtmenschliche Lebewesen können nur dann wie Geschwister und Kinder behandelt werden, wenn man ein umfassendes Verständnis vom Schöpfer und der tatsächlichen Stellung des Lebewesens hat.

Der Wunsch des Menschen nach Unsterblichkeit kann nur in der spirituellen Welt Wirklichkeit werden. Der Wunsch nach ewigem Leben, das heißt unsterblich zu werden, ist ein Zeichen schlummernden spirituellen Lebens – ein Ziel, das die menschliche Zivilisation vor Augen haben sollte. Jeder Mensch hat die Möglichkeit, durch den in diesem Buch beschriebenen Vorgang des *bhakti-yoga* ins spirituelle Reich zu gelangen. Es ist eine große Wissenschaft, und Indien hat viele wissenschaftliche Schriften hervorgebracht, die uns helfen, diese Vollkommenheit des Lebens zu erreichen.

Bhakti-yoga ist die ewige Religion des Menschen. Zu einer Zeit, in der die materielle Wissenschaft alle Themenbereiche dominiert – einschließlich der Religionslehre – wäre es ermutigend, die Prinzipien der ewigen Religion des Menschen aus der Sicht des modernen Wissenschaftlers zu sehen.

Selbst Dr. S. Radhakrishnan räumte bei der vor Kurzem in Delhi abgehaltenen Weltkonferenz der Religionen ein, dass Religion in der modernen Zivilisation keinen Zuspruch finden wird, wenn sie nicht vom wissenschaftlichen Standpunkt aus präsentiert wird. Es ist uns daher eine besondere Freude, allen wahrheitsliebenden Menschen mitzuteilen, dass *bhakti-yoga* die ewige Weltreligion ist. *Bhakti-yoga* ist für alle Lebewesen gedacht, denn jedes Lebewesen hat eine ewige Beziehung zum Höchsten Herrn.

Śrīpāda Rāmānujācārya definiert den Begriff *sanātana* (ewig) als das, was weder Anfang noch Ende hat. Dementsprechend wird bei der Erwähnung des Begriffs *sanātana-dharma,* der ewigen Religion, diese Definition vorausgesetzt. Das, was weder Anfang noch Ende hat, kann nicht etwas Sektiererisches, etwas durch Grenzen Beschränktes sein. Im Licht der modernen Wissenschaft wird es uns möglich sein, *sanātana-dharma* als die Hauptbeschäftigung aller Menschen der Welt, ja aller Lebewesen des Universums zu sehen. Religiöser Glaube, der nicht *sanātana* ist, hat zu einem bestimmten Zeitpunkt in der Menschheitsgeschichte begonnen, doch *sanātana-dharma* kann keinen Anfang haben, denn er begleitet die Lebewesen seit Ewigkeiten.

Wenn sich jemand zu einem durch Zeit und Umstände seiner Geburt geprägten Glauben bekennt und sich somit als Hindu, Muslim, Christ, Buddhist oder als irgendein anderer Glaubensangehöriger sieht, sind solche Bezeichnungen nicht *sanātana-dharma*. Ein Hindu mag seinen Glauben ändern und Muslim werden, oder ein Muslim mag seinen Glauben ändern und Hindu oder Christ werden, doch solch eine Änderung des religiösen Glaubens erlaubt dem Betreffenden keinesfalls, seine ewige Beschäftigung zu ändern, die darin besteht, anderen Dienste zu erweisen. Ein Hindu, Muslim, Buddhist oder Christ ist unter allen Umständen der Diener eines anderen. Sich zu einem bestimmten Glauben zu bekennen, ist nicht *sanātana-dharma*. Vielmehr ist der ständige Begleiter des Lebewesens – das Dienen – *sanātana-dharma*.

Die *Bhagavad-gītā* erwähnt an mehreren Stellen den Begriff *sanātana*. Im Folgenden gehe ich auf einige der Aussagen der *Gītā* genauer ein und versuche, die Bedeutung von *sanātana-dharma* mithilfe dieser Autorität zu verstehen. Das Wort *sanātanam* finden wir im 10. Vers des 7. Kapitels, wo der Herr sagt, dass Er der ewige Ursprung aller Dinge und daher *sanātanam* sei. Der Ursprung aller Dinge wird in den Upaniṣaden als das vollständige Ganze beschrieben. Alles, was vom Ursprung ausgeht, ist ebenfalls in sich vollständig, und obwohl viele vollständige Einheiten vom vollständigen *sanātana*-Ganzen ausgehen, verringert sich der *sanātana*-Ursprung weder in Qualität noch Quantität, weil die *sanātana*-Natur unveränderlich ist. Alles, was sich unter dem Einfluss von Zeit und Umständen abnutzt oder verbraucht, ist nicht *sanātana*. Daher kann nichts, was in irgendeiner Weise seine Form oder Eigenschaften den Umständen entsprechend verändert, als *sanātana* akzeptiert werden. Die Sonne verbreitet seit Millionen von Jahren ihre Strahlen, und obwohl sie ein aus Materie erschaffenes Objekt ist, bleiben ihre Form und ihre Strahlen unverändert. Demzufolge kann der nicht erschaffene Urgrund selbst keiner Veränderung in Bezug auf Form oder Eigenschaften unterworfen sein, auch wenn Er der samengebende Ursprung aller Schöpfungen ist.

Der Herr beansprucht für sich, der Vater *aller* Spezies zu sein. Er erhebt den Anspruch, dass jedes Lebewesen – ganz gleich in welchem Körper es sich befindet – ein Teil von Ihm ist. Hieraus folgt, dass die *Bhagavad-gītā* für alle Wesen bestimmt ist. In der *Bhagavad-gītā* erfahren wir Näheres über die *sanātana*-Natur des Höchsten Herrn, über

Sein Reich, das weitab des materiellen Himmels liegt, und über die *sanātana*-Natur der Lebewesen.

Kṛṣṇa verdeutlicht auch, dass die materielle Welt voller Elend ist, geprägt von Geburt, Alter, Krankheit und Tod. Selbst auf dem höchsten Planeten des Universums, Brahmaloka, sind diese Leiden in der einen oder anderen Form vorhanden. Nur in Seinem Reich gibt es nicht das geringste Leid. Dort ist es nicht nötig, Licht von der Sonne, dem Mond oder Feuer zu bekommen. Und das Leben dort ist ewig, voller Wissen und voller Glückseligkeit. Das ist das *sanātana-dhāma,* das ewige Reich. Daher ist es eine natürliche Schlussfolgerung, dass alle Lebewesen nach Hause zu Gott zurückkehren müssen, um das Leben im *sanātana-dhāma* mit dem *sanātana-puruṣa,* dem *puruṣottama,* Śrī Kṛṣṇa, zu genießen, statt im elenden materiellen Dasein zu verrotten. Es gibt keine wahre Freude in der materiellen Welt – nicht einmal auf Brahmaloka. Nur Menschen mit beschränkter Intelligenz schmieden Pläne und tun alles, um auf höhere Planeten im materiellen Universum zu gelangen. Mit diesem Ziel vor Augen suchen sie bei den Halbgöttern Zuflucht und bekommen von ihnen Segnungen, die aber nur von begrenzter Dauer sind. Hieraus folgt, dass solche religiösen Prinzipien, die nur Zwischenlösungen für weniger intelligente Menschen sind, zu vorübergehenden Vorteilen führen. Intelligente Menschen hören auf, sich religiös zu beschäftigen, und suchen stattdessen Zuflucht bei der Höchsten Persönlichkeit Gottes, dem Allmächtigen Vater, der ihnen absoluten Schutz zusichert. *Sanātana-dharma* ist daher *bhakti-yoga,* durch den man den *sanātana*-Herrn und Sein *sanātana*-Reich kennenlernen kann. Nur durch *bhakti-yoga* kann man zum *sanātana-dhāma* zurückkehren und am *sanātana*-Genuss teilhaben, der dort reichlichst zur Verfügung steht.

Ich ermutige alle Anhänger des *sanātana-dharma,* von

nun an diese Prinzipien im Geiste der *Bhagavad-gītā* zu befolgen. Es gibt nichts, was jemanden davon abhielte, diese ewigen Prinzipien anzunehmen. Selbst die weniger Intelligenten können zu Gott zurückkehren. So lehrt es das *Śrīmad-Bhāgavatam* und so lautet die Lehre des Höchsten Herrn in der *Bhagavad-gītā*. Die Menschheit sollte die Gelegenheit bekommen, diese Chance zu nutzen. Da die *Bhagavad-gītā* im Lande Bhārata-varṣa verkündet wurde, liegt es in der Verantwortung jedes Inders, die Botschaft des wahren *sanātana-dharma* in den anderen Teilen der Welt zu verbreiten. Besonders heutzutage leidet die irregeführte Menschheit in der Dunkelheit des Materialismus. Infolgedessen hat der sogenannte Wissensfortschritt Ignoranten die Möglichkeit gegeben, tödliche Waffen wie die Atombombe zu entwickeln, was die Menschheit an den Rand der Vernichtung gebracht hat, denn sobald Krieg erklärt wird, weiß niemand, was mit der Menschheit auf der Erde geschehen wird. *Sanātana-dharma* wird die Menschen lehren, was der wirkliche Sinn des Lebens ist, und aus diesem Grunde werden sie durch die Verbreitung von *sanātana-dharma* einen großen Nutzen gewinnen.

Oṁ tat sat

2

Die Vielfalt der Planetensysteme

Nur weil die Menschen der heutigen Zeit [1969] versuchen, den Mond zu erreichen, sollten sie nicht denken, Kṛṣṇa-Bewusstsein befasse sich mit etwas Unzeitgemäßem. Während die Welt bei ihren Reiseplänen zum Mond Fortschritte verzeichnet, chanten wir Hare Kṛṣṇa, aber das sollte nicht zu dem Missverständnis führen, wir würden dem modernen wissenschaftlichen Fortschritt hinterherhinken.

Tatsache ist, dass wir bereits allen wissenschaftlichen Fortschritt hinter uns gelassen haben. In der *Bhagavad-gītā* heißt es, dass der Versuch des Menschen, höhere Planeten zu erreichen, nicht neu ist. In den Zeitungen liest man die Schlagzeile: „Die ersten Schritte des Menschen auf dem Mond", doch wissen die Journalisten nicht, dass in der Vergangenheit schon Millionen von Menschen dorthin gereist und wieder zurückgekommen sind. Dies ist nicht das erste Mal. Es handelt sich um eine uralte Praktik. In der *Bhagavad-gītā* (8.16) sagt Kṛṣṇa unmissverständlich: *a-brahma-bhuvanāl lokāḥ punar āvartino 'rjuna* – „Mein lieber Arjuna, selbst wenn du das höchste Planetensystem, Brahmaloka, erreichst, musst du wieder auf die Erde zurückkehren."

Hieraus folgt, dass interplanetarisches Reisen nichts Neues ist. Es ist den Kṛṣṇa-bewussten Geweihten bekannt. Sie akzeptieren Kṛṣṇas Worte als die absolute Wahrheit. Gemäß den vedischen Schriften gibt es viele Planetensysteme. Das Planetensystem, in dem wir leben, wird Bhūrloka genannt. Darüber befindet sich Bhuvarloka. Über Bhuvarloka liegt Svarloka (der Mond gehört zum Svarloka-Planetensystem); über Svarloka liegt Maharloka, darüber Janaloka, und darüber befindet sich Satyaloka. Eine ähnliche Anordnung von Planetensystemen gibt es in den unteren Regionen des Universums. Insgesamt gibt es vierzehn Planetensysteme, wobei die Sonne der Hauptplanet ist. Eine Beschreibung der Sonne finden wir in der *Brahma-saṁhitā* (5.52):

yac-cakṣur eṣa savitā sakala-grahāṇāṁ
rājā samasta-sura-mūrtir aśeṣa-tejāḥ
yasyājñayā bhramati sambhṛta-kāla-cakro
govindam ādi-puruṣaṁ tam ahaṁ bhajāmi

„Ich verehre Govinda [Kṛṣṇa], den urersten Herrn, auf dessen Weisung die Sonne über unermessliche Macht und Wärme verfügt und ihrer Umlaufbahn folgt. Die Sonne, das Oberhaupt aller Planetensysteme, ist das Auge des Höchsten Herrn."

Ohne die Sonne können wir nicht sehen. Wir mögen stolz auf unsere Augen sein, doch ohne Licht können wir nicht einmal unseren Nachbarn von nebenan sehen. Manchmal fragen die Leute herausfordernd: „Kannst du mir Gott zeigen?" Aber was können sie schon sehen? Welchen Wert haben ihre Augen? Gott ist nicht so billig. Ohne Sonnenlicht können wir nichts sehen, schon gar nicht Gott. Ohne Sonnenlicht sind wir blind. Nachts, wenn die Sonne nicht scheint, können wir nichts sehen, weshalb wir Elektrizität benutzen. Es gibt nicht nur eine Sonne in der kosmischen Schöpfung, sondern Millionen und Abermillionen Sonnen. Dies wird ebenfalls in der *Brahma-saṁhitā* (5.40) beschrieben:

yasya prabhā prabhavato jagad-aṇḍa-koṭi-
koṭiṣv aśeṣa-vasudhādi-vibhūti-bhinnam
tad brahma niṣkalam anantam aśeṣa-bhūtaṁ
govindam ādi-puruṣaṁ tam ahaṁ bhajāmi

In der spirituellen Körperausstrahlung der Höchsten Persönlichkeit Gottes Kṛṣṇa, dem *brahma-jyoti*, schweben unendlich viele Planeten. So wie unzählige Planeten im Sonnenlicht schweben, so schweben unzählige Planeten und Universen in den leuchtenden Strahlen, die von Kṛṣṇas Körper ausgehen. Aus den Veden erfahren wir, dass es viele Universen gibt und dass sich in jedem eine Sonne befindet. Es gibt Millionen und Abermillionen Universen und Millionen und Abermillionen Sonnen, Monde und Planeten. Doch Kṛṣṇa sagt, dass der Versuch, einen dieser Planeten zu erreichen, nichts als Zeitverschwendung sei.

Welchen Nutzen bringt es, wenn man so viel Geld, Energie und Zeit (ganze zehn Jahre) aufwendet und dann auf dem Mond landet, um ihn dann lediglich zu berühren? Kann man dort bleiben und seine Freunde einladen nachzukommen? Und selbst wenn man sich dort längere Zeit aufhalten könnte, was wäre der Vorteil? Solange wir in der materiellen Welt leben, sei es auf diesem oder auf einem anderen Planeten, folgen uns dieselben Leiden:

Geburt, Tod, Alter und Krankheit. Wir können ihnen nicht entkommen.

Angenommen, es wäre möglich, mit einer Sauerstoffmaske auf dem Mond zu leben, wie lange könnten wir uns dort aufhalten? Und ohnehin, selbst wenn wir die Möglichkeit hätten, dort zu leben, was käme für uns dabei heraus? Vielleicht würden wir etwas länger leben, aber wir könnten nicht für immer dort leben. Das ist unmöglich. Und was hätten wir von einem längeren Leben? *Taravaḥ kiṁ na jīvanti:* Leben die Bäume nicht viele, viele Jahre? In der Nähe von San Francisco habe ich in einem Wald einen 7000 Jahre alten Baum gesehen. Doch was nützt ein so langes Leben? 7000 Jahre lang am selben Ort zu stehen, ist kein großes Verdienst, auf das man stolz sein könnte.

In den vedischen Schriften finden wir eine ausführliche Beschreibung, wie man zum Mond gelangt, wie man wieder auf die Erde zurückkehrt und viele andere Einzelheiten. Dieser Vorgang ist nichts Neues. Doch das Ziel unserer Gesellschaft für Kṛṣṇa-Bewusstsein ist ein anderes. Wir denken nicht daran, unsere wertvolle Zeit zu verschwenden. Kṛṣṇa sagt: „Vergeude nicht deine Zeit mit dem Versuch, auf diesen oder jenen Planeten zu gelangen. Was wirst du dadurch gewinnen? Deine materiellen Leiden werden dir überallhin folgen." Im *Caitanya-caritāmṛta* (*Ādi* 3.97) bringt der Autor diese Tatsache sehr schön zum Ausdruck:

keha pāpe, keha puṇye kare viṣaya-bhoga
bhakti-gandha nāhi, yāte yāya bhava-roga

„In der materiellen Welt mögen einige genießen und andere nicht, doch im Grunde leiden alle, auch wenn manche glauben, sie würden genießen, während andere begreifen, dass sie leiden."

Tatsächlich leidet jeder. Wer in der materiellen Welt wird nicht krank? Wer wird nicht alt? Wer stirbt nicht? Niemand will alt werden oder unter Krankheiten leiden, doch jeder ist dazu gezwungen. Wo ist da der Genuss? Solcher Genuss ist Einbildung, denn in der materiellen Welt gibt es keinen wahren Genuss. Er existiert nur in unserer Vorstellung. Man sollte nicht denken: „Dies ist Genuss und jenes ist Leid." Alles ist Leid! Daher heißt es im *Caitanya-caritāmṛta:* „Die Grundprinzipien Essen, Schlafen, Fortpflanzung und Sichverteidigen wird es immer geben, wenn auch auf unterschiedlichen Stufen." Beispielsweise sind die Amerikaner dank frommer Handlungen in früheren Leben in einem Land wie Amerika geboren worden. In Indien sind die Leute arm und leiden, doch obwohl die Amerikaner reichlich Butter auf ihrem Brot haben und die Inder ihr Brot ohne Butter verzehren, essen beide. Dass Indien unter Armut leidet, hat nicht dazu geführt, dass die gesamte Bevölkerung verhungert. Die vier körperlichen Bedürfnisse – Essen, Schlafen, Fortpflanzung und Sichverteidigen – können unter allen Umständen befriedigt werden, ob man nun in unfromme oder fromme Lebensbedingungen hineingeboren wird. Das Problem ist: Wie befreien wir uns von den vier Prinzipien Geburt, Tod, Alter und Krankheit?

Das ist das wirkliche Problem. Es geht nicht darum, etwas zu essen zu bekommen. Die Vögel und Tiere in freier Wildbahn haben dieses Problem nicht. Sobald es Tag wird, fangen die Vögel an zu zwitschern. Sie wissen, dass sie etwas zu fressen finden werden. Keiner stirbt einen Hungertod, und es gibt keine Überbevölkerung, denn für jeden ist durch Gottes Vorkehrungen gesorgt. Es gibt qualitative Unterschiede, aber nur eine höhere Qualität materiellen Genusses zu erlangen, ist nicht das Ziel des Lebens. Das wirkliche Problem besteht darin, wie man von Geburt,

Tod, Alter und Krankheit frei wird. Dieses Problem kann man nicht dadurch lösen, dass man durchs Universum reist und seine Zeit verschwendet. Selbst wenn man auf den höchsten Planeten gelangt, kann dieses Problem nicht gelöst werden, denn der Tod ist überall.

Die Lebensdauer auf dem Mond beträgt nach Angabe der vedischen Schriften 10 000 Jahre, und ein Tag dort entspricht sechs Monaten unserer Zeit. Somit beträgt die Lebensdauer auf dem Mond 10 000 × 180 Jahre. Jedoch ist es den Erdbewohnern unmöglich, zum Mond zu reisen und dort längere Zeit zu leben. Andernfalls würde die gesamte vedische Literatur etwas Falsches lehren. Wir können versuchen, dorthin zu gelangen, doch ist es nicht möglich, dort zu leben. Dieses Wissen findet sich in den vedischen Schriften. Infolgedessen liegt uns nicht viel daran, zum Mond oder irgendeinem anderen Planeten zu reisen. Wir wollen direkt zu dem Planeten gehen, auf dem Kṛṣṇa lebt. Kṛṣṇa sagt in der *Bhagavad-gītā* (9.25):

yānti deva-vratā devān
pitṝn yānti pitṛ-vratāḥ
bhūtāni yānti bhūtejyā
yānti mad-yājino 'pi mām

„Man kann zum Mond gehen oder sogar zur Sonne oder zu den Millionen und Abermillionen anderen Planeten, oder man kann, wenn man zu sehr am materiellen Leben hängt, hier bleiben – doch Meine Geweihten kommen zu Mir."

Das ist unser Ziel. Die Einweihung in die Praktik des Kṛṣṇa-Bewusstseins gewährleistet, dass der Schüler am Ende zum höchsten Planeten, Kṛṣṇaloka, gehen kann. Wir sitzen nicht untätig herum. Auch wir versuchen, zu anderen Planeten zu reisen, doch vergeuden wir nicht unsere Zeit. Ein vernünftiger und intelligenter Mensch wird nicht zu einem der materiellen Planeten reisen wollen, denn die vier materiellen Leiden [Geburt, Tod, Alter und Krankheit] gibt es auf allen Planeten. Aus der *Bhagavad-gītā* erfahren wir, dass selbst auf Brahmaloka, dem höchsten Planeten unseres Universums, diese vier Grundleiden existieren. Die *Bhagavad-gītā* lässt uns auch wissen, dass ein Tag auf Brahmaloka Millionen von Jahren unserer Zeitrechnung entspricht. Das ist eine Tatsache.

Wir können also sogar das höchste Planetensystem, Brahmaloka, erreichen, doch laut den Wissenschaftlern wird der Flug mit der Geschwindigkeit eines Sputniks 40 000 Jahre dauern. Wer wäre bereit, 40 000 Jahre lang durchs All zu fliegen? Aus den vedischen Schriften erfahren wir, dass wir zu jedem beliebigen Planeten reisen können, wenn wir die entsprechenden Vorbereitungen treffen. Mit der richtigen Vorbereitung darauf, die Wohnorte der Halbgötter auf den höheren Planetensystemen zu erreichen, können wir dorthin gehen. Wir können aber auch zu einem unteren Planetensystem reisen oder auf der Erde bleiben, ganz wie wir wollen. Letztendlich können wir, wenn wir den Wunsch haben, den Planeten der Höchsten Persönlichkeit Gottes erreichen. Es ist alles eine Sache der Vorbereitung. Jedoch sind alle Planetensysteme in unserem materiellen Universum vergänglich. Die Lebensdauer auf bestimmten Planeten mag sehr lang sein, doch letzten Endes unterliegen alle Lebewesen im materiellen Universum der Vernichtung und müssen wieder in neuen Körpern heranwachsen, von denen es unterschiedliche Arten gibt. Der Körper eines Menschen hat eine Lebenserwartung von ungefähr hundert Jahren, während eine Eintagsfliege vielleicht nur zwölf Stunden lebt. Die Lebensdauer verschiedener Körper ist also relativ. Erreicht man aber Vaikuṇṭhaloka, die spirituelle Welt, bekommt man einen Körper, der ewig lebt und voller Glückseligkeit und

Wissen ist. Der Mensch kann diese Vollkommenheit erreichen; er muss es nur versuchen. In der *Bhagavad-gītā* (4.9) bestätigt der Herr dies, wenn Er sagt: „Jeder, der die Höchste Persönlichkeit Gottes in Wahrheit kennt, kann in Mein Reich gelangen."

Viele sagen: „Gott ist groß", doch das ist eine abgedroschene Phrase. Man muss wissen, worin Seine Größe besteht, und das kann man aus den autoritativen Schriften erfahren. In der *Bhagavad-gītā* beschreibt Gott sich selbst. Er sagt: „Meine scheinbare Geburt als menschliches Wesen ist eigentlich transzendental." Gott ist so gütig, dass Er vor uns als gewöhnlicher Mensch erscheint, doch Sein Körper ist nicht wie ein menschlicher Körper. Ignoranten, die Ihn nicht kennen, denken, Kṛṣṇa wäre einer von uns. Auch davon spricht der Herr in der *Bhagavad-gītā* (9.11):

avajānanti māṁ mūḍhā
mānuṣīṁ tanum āśritam
paraṁ bhāvam ajānanto
mama bhūta-maheśvaram

„Ignoranten verspotten Mich, wenn Ich in menschlicher Gestalt erscheine. Sie wissen nichts über Mein transzendentales Wesen und Meine höchste Herrschaft über alles Sein."

Wir haben die Gelegenheit, etwas über Kṛṣṇa zu erfahren, vorausgesetzt dass wir die richtigen Schriften unter der richtigen Anleitung lesen. Und wenn wir einfach nur verstehen, worin das Wesen Gottes besteht, reicht diese eine Erkenntnis aus, um befreit zu werden. In unserem gegenwärtigen Zustand als Menschen ist es nicht möglich, die Absolute Höchste Persönlichkeit Gottes vollständig zu verstehen, doch mithilfe der Aussagen der Höchsten

Persönlichkeit Gottes in der *Bhagavad-gītā* und mithilfe des spirituellen Meisters können wir den Herrn nach unserem besten Vermögen kennen. Wenn wir Ihn in Wahrheit kennen, können wir sofort nach Verlassen des Körpers in Gottes Reich eintreten. Kṛṣṇa sagt: *tyaktvā dehaṁ punar janma naiti mām eti so 'rjuna* – „Jemand, der über Wissen verfügt, kehrt nach Verlassen seines Körpers nicht in die materielle Welt zurück, denn er gelangt in die spirituelle Welt und kommt zu Mir." (Bg. 4.9)

Der Zweck unserer Bewegung für Kṛṣṇa-Bewusstsein besteht darin, den Menschen diesen fortgeschrittenen wissenschaftlichen Gedanken näherzubringen. Und die Methode ist unkompliziert. Indem wir einfach die heiligen Namen Gottes chanten – Hare Kṛṣṇa, Hare Kṛṣṇa, Kṛṣṇa Kṛṣṇa, Hare Hare / Hare Rāma, Hare Rāma, Rāma Rāma, Hare Hare –, entfernen wir alle Unreinheiten aus dem Herzen und verstehen, dass wir ein Teil des Höchsten Herrn sind und dass es unsere Pflicht ist, Ihm zu dienen. Dieser Vorgang ist voller Freude: Wir chanten den Hare-Kṛṣṇa-mantra, tanzen dazu im Rhythmus und essen köstliches *prasādam*. Während wir das jetzige Leben genießen, bereiten wir uns darauf vor, im nächsten Leben in Gottes Reich einzutreten. Das ist keine Fantasievorstellung, sondern Wirklichkeit. Obwohl es einem Laien wie reine Fantasterei erscheinen mag, offenbart sich Kṛṣṇa von innen her demjenigen, der es mit der Gotteserkenntnis ernst meint. Sowohl Kṛṣṇa als auch der spirituelle Meister helfen der aufrichtigen Seele. Der spirituelle Meister ist die äußere Erscheinung Gottes, der im Herzen eines jeden als Überseele weilt. Demjenigen, der ernsthaft bestrebt ist, die Höchste Persönlichkeit Gottes zu verstehen, hilft der Herr als Überseele, indem Er ihn zu einem echten spirituellen Meister führt. So bekommt der spirituell Suchende von innen und von außen Hilfe.

Im *Bhāgavata Purāṇa* (1.2.11) heißt es, dass die Höchste Wahrheit in drei Stufen erkannt wird. Zuerst erkennt man das unpersönliche Brahman, das unpersönliche Absolute; dann den Paramātmā, den örtlichen Aspekt des Brahman. Das Neutron des Atoms kann man als die Repräsentation des Paramātmā verstehen, der auch ins Atom eingeht. Dies wird in der *Brahma-saṁhitā* (5.35) beschrieben. Die letzte Erkenntnisstufe des Höchsten Göttlichen Wesens ist die höchste, allanziehende Person Kṛṣṇa, der unbegreifliche Kräfte in Form von Reichtum, Stärke, Ruhm, Schönheit, Wissen und Entsagung in Fülle besitzt. Śrī Rāma und Śrī Kṛṣṇa entfalten diese sechs Kräfte in ganzer Fülle, wenn Sie vor den Menschen erscheinen. Aber nur einige Menschen – die reinen Gottgeweihten – können Kṛṣṇa auf der Grundlage authentischer Offenbarungsschriften erkennen. Die anderen sind durch den Einfluss der materiellen Energie verwirrt. Die Absolute Wahrheit ist daher die absolute Person, Bhagavan, dem keiner gleichkommt und mit dem sich keiner messen kann. Die Strahlen des unpersönlichen Brahman sind die Strahlen Seines transzendentalen Körpers, ebenso wie die Strahlen der Sonne von der Sonne ausgehen.

Laut dem *Viṣṇu Purāṇa* (6.7.61) wird die materielle Energie *avidyā* (Unwissenheit) genannt und zeigt sich in fruchtbringenden Handlungen, die den Genuss der Sinne zum Ziel haben. Doch obwohl das Lebewesen dazu neigt, auf der Suche nach Sinnengenuss von der materiellen Energie umgarnt und eingefangen zu werden, gehört es zur antimateriellen, spirituellen Energie. In diesem Sinne ist das Lebewesen die positive Energie, während Materie die negative Energie ist. Materie entwickelt sich erst bei Kontakt mit der höheren spirituellen, antimateriellen Energie, die ein integraler Teil des spirituellen Ganzen ist. Diese spirituelle Energie, die das Lebewesen entfaltet, ist für einen gewöhnlichen Menschen zweifellos ein sehr kompliziertes Thema, das ihn in Erstaunen versetzt. Manchmal versteht er dieses Thema mithilfe der unvollkommenen Sinne teilweise, und manchmal versteht er es überhaupt nicht. Daher ist es am besten, von einer verlässlichen Quelle darüber zu hören – entweder von der höchsten Autorität, Śrī Kṛṣṇa, oder von Seinen Geweihten, die Ihn in der Kette der Schülerfolge repräsentieren.

Die Bewegung für Kṛṣṇa-Bewusstsein wurde gegründet, um den Menschen zu helfen, Gott zu verstehen. Der spirituelle Meister ist der lebende Repräsentant Kṛṣṇas, der von außen hilft, während Kṛṣṇa als Überseele von innen hilft. Das Lebewesen kann sich diese Hilfe zunutze machen und sein Leben zum Erfolg führen. Wir bitten jeden darum, autoritative Schriften zu lesen, um diese Bewegung zu verstehen. Wir haben bisher folgende Bücher veröffentlicht: die *Bhagavad-gītā wie sie ist; Die Lehren Śrī Caitanyas;* das *Śrīmad-Bhāgavatam; Kṛṣṇa, die Höchste Persönlichkeit Gottes* und *Der Nektar der Hingabe*. Wir geben auch jeden Monat unsere Zeitschrift *Back to Godhead* in mehreren Sprachen heraus. Unsere Mission besteht darin, die Menschheit davor zu bewahren, erneut in die Falle der Wiedergeburt im Zyklus von Geburt und Tod zu geraten.

Vielmehr sollte jeder den Versuch unternehmen, zu Kṛṣṇa zu gelangen. In unserer Zeitschrift *Back to Godhead* habe ich im Artikel „Jenseits des Universums" auf Grundlage des Wissens der *Bhagavad-gītā* einen Ort jenseits des Universums beschrieben. Die *Bhagavad-gītā* ist ein sehr gefragtes Buch, von dem es viele Ausgaben gibt, ein beträchtlicher Prozentsatz davon aus Indien. Jedoch gibt es leider viele Betrüger, die in den Westen gekommen sind, um die Botschaft der *Bhagavad-gītā* zu predigen. Wir bezeichnen sie als Betrüger, weil sie den Leuten etwas vorgaukeln, ohne authentische Informationen zu vermitteln. Unsere *Bhagavad-gītā wie sie ist* hingegen gibt eine autoritative Beschreibung der spirituellen Natur.

Die kosmische Schöpfung wird „Natur" genannt, doch es gibt noch eine andere Natur, die darüber steht. Die kosmische Schöpfung ist von niederer Natur, doch jenseits dieser Natur, die zeitweise sichtbar und dann wieder unsichtbar ist, gibt es eine andere Natur, die als *sanātana* (ewig) bezeichnet wird. Es ist leicht verständlich, dass alles hier Sichtbare zeitweilig ist. Das beste Beispiel ist unser Körper. Angenommen, jemand ist 30 Jahre alt. Vor 30 Jahren war sein Körper nicht sichtbar, und nach weiteren 50 Jahren wird der Körper erneut nicht mehr sichtbar sein. Das ist ein unbestreitbares Naturgesetz. Der Körper wird geschaffen und wieder zerstört, ebenso wie Wellen im Meer immer wieder ansteigen und dann abebben. Der Materialist beschäftigt sich nur mit diesem einen vergänglichen Leben, das jeden Augenblick zu Ende sein kann. So wie unser Körper sterben wird, geht das gesamte Universum, ein riesiger materieller Körper, der Vernichtung entgegen. Ganz gleich, ob wir ein glückliches Leben führen oder vom Unglück verfolgt werden, ob wir auf diesem Planeten oder einem anderen leben – alles wird früher oder später vorbei sein. Warum vergeuden wir also unsere Zeit mit dem Versuch, auf einen Planeten zu gelangen, wo alles vorbei sein wird?

Wir sollten lieber versuchen, Kṛṣṇaloka zu erreichen. Kṛṣṇa-Bewusstsein ist eine spirituelle Wissenschaft. Wir sollten versuchen, sie zu verstehen, und nachdem wir sie verstanden haben, sollten wir diese Botschaft auf der ganzen Welt verbreiten. Die Menschen leben im Dunkeln. Obwohl sie über kein wahres Wissen verfügen, sind sie stolz. Es ist kein Zeichen fortgeschrittenen Wissens, nach zehn Jahren Bemühung auf dem Mond zu landen und mit ein paar Steinen zurückzukommen. Die Raumfahrer verkünden sehr stolz: „Oh, wir haben den Mond berührt.“ Doch was haben sie davon? Selbst wenn wir dort leben könnten, wäre es nicht für lange Zeit. Am Ende wird alles zerstört.

Wir sollten versuchen, jenen Planeten zu finden, von dem wir nicht zurückkehren, wo das Leben ewig ist und wo wir mit Kṛṣṇa tanzen können. Das ist die Bedeutung von Kṛṣṇa-Bewusstsein. Wir sollten diese Bewegung ernstnehmen, denn durch Kṛṣṇa-Bewusstsein bekommen wir die Möglichkeit, Kṛṣṇa zu erreichen und mit Ihm in aller Ewigkeit zu tanzen. Aus den vedischen Schriften erfahren wir, dass die materielle Welt nur ein Viertel der Gesamtschöpfung Gottes ausmacht. Die restlichen drei Viertel bildet die spirituelle Welt. In der *Bhagavad-gītā* bestätigt Kṛṣṇa dies wie folgt: „Die materielle Welt ist nur ein Bruchteil des Ganzen.“ Wenn wir so weit blicken, wie wir sehen können – bis zum Himmel –, ist unsere Sicht immer noch auf nur ein Universum beschränkt. Es gibt aber in dem, was wir als die materielle Welt bezeichnen, unzählige Universen. Jenseits dieser unendlich vielen Universen liegt der spirituelle Himmel, den auch die *Bhagavad-gītā* erwähnt. Darin sagt der Herr, dass es jenseits der materiellen Welt eine andere ewige Natur ohne Anfang oder Ende gebe. „Ewig“ bezieht sich auf das, was kein Ende hat – und keinen Anfang. Die vedische Religion wird daher als ewig bezeichnet, denn niemand kann zurückverfolgen, wann sie begonnen hat. Die Geschichte der christlichen Religion reicht 2000 Jahre zurück, und auch die muslimische Religion hat ihre Geschichte. Wollte man jedoch die vedische Religion zurückverfolgen, fände man in der Geschichte keinen Zeitpunkt ihres Entstehens. Daher wird sie als ewige Religion bezeichnet.

Wir mögen zu Recht sagen, dass Gott die materielle Welt erschaffen hat, was darauf hindeutet, dass Gott vor der Schöpfung existierte. Schon das Wort „erschaffen" legt nahe, dass der Herr vor der kosmischen Schöpfung existierte. Folglich ist Gott kein Werk der Schöpfung – wie sonst könnte diese in Ihm ihren Ursprung haben? Er wäre dann ja eines der Objekte innerhalb dieser materiellen Schöpfung. Doch Gott ist keines ihrer Produkte – Er ist der Schöpfer und daher ewig.

Es gibt einen spirituellen Himmel mit unzähligen spirituellen Planeten und unzähligen spirituellen Lebewesen. Nur jene Wesen, die nicht qualifiziert sind, in der spirituellen Welt zu leben, kommen in die materielle Welt. Aus freien Stücken haben wir einen materiellen Körper angenommen, doch im Grunde sind wir spirituelle Seelen, die keinen solchen Körper hätten annehmen sollen. Wann und wie wir ihn angenommen haben, kann man nicht zurückverfolgen. Niemand kann rekonstruieren, wann die bedingte Seele zum ersten Mal einen materiellen Körper angenommen hat. Es gibt 8 400 000 Arten von Lebewesen: 900 000 Spezies leben im Wasser, und 2 000 000 sind Pflanzen. Es ist bedauerlich, dass dieses vedische Wissen an keiner Universität gelehrt wird. Doch diese Angaben entsprechen den Tatsachen. Wir schlagen vor, dass Botaniker und Anthropologen die vedischen Schlussfolgerungen zum Gegenstand ihrer Forschungen machen. Natürlich wird in erster Linie Darwins Theorie der Evolution organischer Materie an den Schulen und Universitäten gelehrt, doch das *Bhāgavata Purāṇa* und andere autoritative Schriften von wissenschaftlicher Bedeutung beschreiben, wie die Körperformen der Lebewesen evolutiv aufeinanderfolgen. Es handelt sich um kein neues Konzept, doch Lehrkräfte präsentieren fast ausschließlich Darwins Theorie, obwohl es in den vedischen Schriften umfangreiche Angaben über die Lebensbedingungen in der materiellen Welt gibt.

Wir bedingten Seelen, die wir in den vielen Universen der materiellen Welt leben, stellen nur einen Bruchteil der Gesamtheit aller Lebewesen dar. Diejenigen, die in der materiellen Welt in einem materiellen Körper leben, sind mit verurteilten Delinquenten zu vergleichen. Zum Beispiel sind die Insassen eines Gefängnisses vom Staat verurteilt worden, doch machen sie nur einen kleinen Teil der Bevölkerung aus. Nicht die gesamte Bevölkerung ist inhaftiert. Nur einige Bürger, die gegen die Gesetze verstoßen haben, sitzen im Gefängnis. Ähnlich verhält es sich mit den bedingten Seelen in der materiellen Welt: Sie stellen nur einen Bruchteil aller Lebewesen in Gottes Schöpfung dar, und weil sie Gott gegenüber ungehorsam waren – weil sie sich nicht an Kṛṣṇas Anordnungen gehalten haben –, wurden sie in die materielle Welt versetzt. Jemand, der besonnen und wissbegierig ist, sollte sich fragen: „Warum bin ich in dieses bedingte Leben versetzt worden? Ich will nicht leiden."

Es gibt drei Arten von Leiden, einschließlich derer, die sich auf Körper und Geist beziehen. Vor meinem Haus auf Hawaii hielt ein Mann Tiere, darunter Vögel, um sie später zu schlachten. Meinen Schülern gab ich folgendes Beispiel: „Hier stehen diese Tiere. Wenn jemand zu ihnen sagt: ‚Liebe Tiere, warum steht ihr hier herum? Lauft weg! Sonst werdet ihr im Schlachthof enden!', könnten sie nicht weglaufen. Es fehlt ihnen die nötige Intelligenz."

Ein Leben voller Leid, dessen Ursache man nicht kennt und das man nicht zu lindern weiß, ist wie ein Leben als Tier. Wer nicht begreift, dass er leidet, und denkt, es ginge ihm gut, hat das Bewusstsein eines Tieres, nicht das eines Menschen. Ein Mensch sollte sich bewusst sein, dass er auf dem Planeten Erde den dreifachen Leiden ausgeliefert ist. Er sollte sich auch darüber im Klaren sein, dass er bei der Geburt leidet, dass er beim Tod leidet, dass er im Alter leidet und dass er bei Krankheit leidet. Folglich sollte er sich fragen, wie er diesen Leiden entkommen kann. Das ist wahre Forschungsarbeit.

Wir leiden von Geburt an. Als Embryo sind wir neun Monate lang in einem luftdichten Beutel im Mutterleib eingezwängt. Wir können uns nicht bewegen, werden von Würmern gebissen und können uns nicht wehren. Sobald wir aus dem Mutterleib kommen, geht das Elend weiter. Obwohl sich unsere Mutter fürsorglich um uns kümmert, weinen wir oft, weil wir leiden. Vielleicht stechen uns Insekten, oder wir haben Bauchschmerzen. Wir weinen, und unsere Mutter weiß nicht, wie sie uns beruhigen soll. Unser Leid beginnt schon im Mutterleib, und nach der Geburt, während wir heranwachsen, erfahren wir noch mehr Leid. Wir wollen nicht zur Schule gehen, doch man zwingt uns dazu. Wir wollen nicht lernen, doch der Lehrer gibt uns Aufgaben. Wenn wir unser Leben genauer betrachten, werden wir erkennen, dass es voller Leid ist. Warum also kommen wir hierher? Wir bedingten Seelen sind nicht besonders intelligent. Wir sollten uns fragen: „Warum leiden wir?" Und wenn es ein Mittel dagegen gibt, sollten wir es anwenden.

Wir sind ewig mit dem Höchsten Herrn verbunden, doch irgendwie sind wir in den jetzigen Zustand materieller Verunreinigung geraten. Daher müssen wir eine Methode anwenden, durch die wir in die spirituelle Welt zurückkehren können. Diese Methode heißt *yoga*. Die eigentliche Bedeutung des Begriffs *yoga* ist „plus". Zurzeit sind wir minus Gott, ohne den Höchsten. Doch wenn wir das Minus zu einem Plus machen, indem wir die Verbindung wiederherstellen, ist unser menschliches Leben vollkommen. Während unseres Lebens müssen wir uns darin üben, uns diesem Punkt der Vollkommenheit zu nähern. Wenn wir dann zum Zeitpunkt des Todes unseren materiellen Körper aufgeben, muss diese Vollkommenheit Wirklichkeit werden. Zum Zeitpunkt des Todes müssen wir gut vorbereitet sein. Studenten zum Beispiel bereiten sich an der Universität zwei bis fünf Jahre auf die Abschlussprüfung vor. Wenn sie die Prüfung bestehen, erhalten sie ein Abschlusszeugnis. Ähnlich ist es mit dem Leben: Wenn wir uns auf die Prüfung zur Todesstunde vorbereiten und sie bestehen, werden wir zur spirituellen Welt befördert. Alles wird im Augenblick des Todes auf die Probe gestellt.

Es gibt ein bekanntes bengalisches Sprichwort, wonach alles, was man zur Erlangung der Vollkommenheit tut, zum Zeitpunkt des Todes geprüft wird. Die *Bhagavad-gītā* beschreibt, wie wir uns im Augenblick des Todes, wenn wir unseren derzeitigen Körper aufgeben, verhalten sollen. Für den *dhyāna-yogī,* der sich in Meditation übt, spricht Śrī Kṛṣṇa die folgenden Verse:

yad akṣaraṁ veda-vido vadanti
viśanti yad yatayo vīta-rāgāḥ
yad icchanto brahma-caryaṁ caranti
tat te padaṁ saṅgraheṇa pravakṣye

sarva-dvārāṇi saṁyamya
mano hṛdi nirudhya ca
mūrdhny ādhāyātmanaḥ prāṇam
āsthito yoga-dhāraṇām

„Die großen Weisen im Lebensstand der Entsagung, die in den *Vedas* bewandert sind und *oṁkāra* chanten, gehen ins Brahman ein. Wer diese Vollkommenheit anstrebt, lebt im Zölibat. Arjuna, Ich werde dir jetzt die Methode erklären, durch die man Erlösung erlangen kann. *Yoga* bedeutet, die Sinne von allen Objekten zurückzuziehen. Indem man alle Tore der Sinne schließt, den Geist aufs Herz und die Lebensluft auf den höchsten Punkt des Kopfes richtet, wird man im *yoga* gefestigt." (Bg. 8.11–12)

Im *yoga*-System heißt dieser Vorgang *pratyāhāra,* das Sanskritwort für „das Gegenteil". Derzeit sind die Augen damit beschäftigt, sich die schönen Dinge dieser Welt anzusehen. Wir müssen sie davon abbringen, im Anblick dieser Schönheit zu schwelgen, und sie stattdessen auf die Schönheit im Innern richten. Das nennt man *pratyāhāra.* Eine ähnliche Praktik besteht darin, den Klang *oṁkāra* im Innern zu hören.

oṁ ity ekākṣaraṁ brahma
vyāharan mām anusmaran
yaḥ prayāti tyajan dehaṁ
sa yāti paramāṁ gatim

„Wenn man in dieser *yoga*-Praktik erfahren ist und die heilige Silbe *oṁ,* die höchste Buchstabenkombination, chantet und dann beim Verlassen des Körpers an die Höchste Persönlichkeit Gottes denkt, wird man mit Sicherheit die spirituellen Planeten erreichen." (Bg. 8.13)

Auf diese Weise müssen wir die Sinne von allen äußeren Objekten zurückziehen und unseren Geist auf die *viṣṇu-mūrti,* die Form Viṣṇus, richten. Das ist die Vollkommenheit des *yoga.* Der Geist ist sehr unruhig, weshalb wir ihn aufs Herz richten müssen. Wenn der Geist im Herzen gefestigt ist und wir die Lebensluft zum höchsten Punkt des Kopfes bewegen, können wir die Vollkommenheit des *yoga* erreichen.

Der vollkommene *yogī* entscheidet dann, wohin er gehen will. Es gibt unzählige Planeten in der materiellen Welt, und jenseits davon liegt die spirituelle Welt. *Yogīs* haben diese Information aus den vedischen Schriften. Ich hatte zum Beispiel vor meiner Ankunft in den Vereinigten Staaten in Büchern Beschreibungen dieses Landes gelesen. Ebenso findet man in den vedischen Schriften Beschreibungen der höheren Planeten und der spirituellen Welt. Der *yogī* hat diese Information und kann sich nach Belieben auf jeden Planeten begeben. Er braucht dafür kein Raumfahrzeug.

Materialistische Wissenschaftler versuchen seit vielen Jahren, andere Planeten zu erreichen, und sie werden es auch in den nächsten hundert oder tausend Jahren noch versuchen, doch werden sie niemals erfolgreich sein. Möglicherweise können ein oder zwei Menschen durch eine wissenschaftliche Methode einen anderen Planeten erreichen, doch das ist nicht die gemeingültige Vorgehensweise. Die allgemein anerkannte Vorgehensweise für eine Reise zu anderen Planeten ist die Praktik des *yoga*- oder *jñāna*-Systems. Das *bhakti*-System ist nicht dafür bestimmt, die Reise zu einem materiellen Planeten zu ermöglichen. Diejenigen, die Kṛṣṇa, dem Höchsten Herrn, mit Hingabe dienen, sind an keinem Planeten der materiellen Welt interessiert, denn sie wissen, dass sie auf allen Planeten – ohne Ausnahme – die vier Prinzipien der materiellen Existenz [Geburt, Tod, Alter und Krankheit] vorfinden werden. Auf einigen Planeten ist die Lebensdauer erheblich länger als hier auf der Erde, aber auch dort existiert der Tod. Wer jedoch Kṛṣṇa-bewusst ist, transzendiert das von Geburt, Tod, Krankheit und Alter geprägte materielle Leben.

Spirituelles Leben bedeutet Befreiung von diesem Übel und Leid. Diejenigen, die intelligent sind, versuchen daher nicht, auf einen Planeten der materiellen Welt zu gelangen. Der Mensch versucht, den Mond zu erreichen, obwohl es sehr schwer ist, zu diesem Planeten Zutritt zu erhalten. Doch falls es uns gelingen sollte, wird unsere Lebensdauer länger sein. Natürlich bezieht sich diese Verlängerung nicht auf das Leben in unserem jetzigen Körper. Würden wir den Mond mit unserem jetzigen Körper betreten, wäre uns der sofortige Tod sicher.

Wenn man auf einem bestimmten Planeten leben will, muss man einen dafür geeigneten Körper haben. Jeder Planet wird von Lebewesen bewohnt, die für den jeweiligen Planeten passende Körper haben. Zum Beispiel können wir in unserem jetzigen Körper ins Wasser tauchen, aber wir können dort nicht leben. Vielleicht können wir 15 oder 16 Stunden, oder sogar 24 Stunden, im Wasser bleiben, aber nicht länger. Wassertiere dagegen haben Körper, die dafür geeignet sind, ihr ganzes Leben im Wasser zu verbringen. Nimmt man aber einen Fisch aus dem Wasser und legt ihn aufs Land, wird er in kurzer Zeit sterben. Wir wissen, dass es auf unserem Planeten unterschiedliche Arten von Körpern gibt, um an bestimmten Orten zu leben; wir müssen uns also dementsprechend vorbereiten, um einen geeigneten Körper zu bekommen, wenn wir auf einem anderen Planeten leben wollen.

Wenn wir durch den *yoga*-Vorgang die Erde verlassen und den Mond erreichen, erwartet uns dort eine lange Lebensdauer. Auf den höheren Planeten entspricht ein Tag sechs Monaten unserer Zeit. Die Wesen dort leben 10 000 Jahre ihrer Zeitrechnung [was 1 800 000 Jahren unserer Zeit entspricht]. So beschreiben es die vedischen Schriften. Uns kann also zweifelsohne eine sehr lange Lebensdauer zuteilwerden, doch am Ende erwartet uns der Tod. Nach 10 000 oder 20 000 Jahren, oder gar nach Millionen von Jahren (die genaue Dauer ist unerheblich), kommt der Tod.

Im Grunde aber sterben wir nicht. Das bestätigt die *Bhagavad-gītā* (2.20) gleich am Anfang: *na hanyate hanyamāne śarīre* – „Die Seele stirbt nicht, wenn der Körper stirbt." Wir sind spirituelle Seelen und deshalb ewig. Warum sollten wir uns also Tod und Geburt unterordnen? Solche Überlegungen zeugen von Intelligenz. Kṛṣṇa-bewusste Menschen sind intelligent, denn ihnen ist nicht daran gelegen, auf einen Planeten erhoben zu werden, wo sie der

Tod erwartet, auch wenn die Lebensdauer dort lang ist. Sie wollen vielmehr einen Körper bekommen, der dem Gottes gleicht. *Īśvaraḥ paramaḥ kṛṣṇaḥ sac-cid-ānanda-vigrahaḥ.* (*Brahma-saṁhitā* 5.1) Gottes Körper ist *sac-cid-ānanda. Sat* bedeutet „ewig", und *cit* bedeutet „voller Wissen". *Ānanda* hat die Bedeutung „voller Freude".

In einer unserer Broschüren *(Kṛṣṇa, die Quelle aller Freude)* heißt es, dass wir, wenn wir in die spirituelle Welt auf Kṛṣṇas Planeten oder einen beliebigen anderen spirituellen Planeten gelangen, einen dem Körper Gottes ähnlichen Körper bekommen: *sac-cid-ānanda* – ewig, voller Wissen und voller Glückseligkeit. Diejenigen, die versuchen, Kṛṣṇa-bewusst zu sein, haben also ein anderes Lebensziel als diejenigen, die bessere Planeten in der materiellen Welt erreichen wollen. Kṛṣṇa sagt: *mūrdhny ādhāyātmanaḥ prāṇam āsthito yoga-dhāraṇām* – „Die Vollkommenheit des *yoga* besteht darin, in die spirituelle Welt zu gehen." (Bg. 8.12)

Die spirituelle Seele ist ein winziges Teilchen innerhalb des Körpers. Wir können sie nicht sehen. Der *yogī* praktiziert *yoga,* um die Seele zum höchsten Punkt seines Kopfes zu erheben. Zeit seines Lebens übt er sich darin. Die Vollkommenheit ist erreicht, wenn er an den höchsten Punkt der Schädeldecke gelangt und diese durchdringt. Dann kann er nach Belieben jeden höheren Planeten erreichen. Darin liegt die Vollkommenheit des *yogī.*

Wenn der *yogī* den Mond sehen will, mag er denken: „Ich würde mir gerne einmal den Mond anschauen; später werde ich mich dann zu höheren Planeten erheben", so wie Touristen nach Europa, Kalifornien, Kanada oder zu anderen Plätzen reisen. Man kann sich mithilfe dieser *yoga*-Methode zu vielen Planeten erheben, doch überall wird man auf Visa- und Zollbestimmungen stoßen. Um andere Planeten zu betreten, muss man qualifiziert sein.

Kṛṣṇa-bewusste Personen haben kein Interesse an vergänglichen Planeten, selbst wenn sie dort ein langes Leben erwartet. Wenn es dem *yogī* gelingt, zum Zeitpunkt des Todes *oṁ*, die zusammengefasste Form des transzendentalen Klangs, zu chanten und sich an Krsna bzw. Visnu zu erinnern *(mām anusmara)*, erreicht er die Vollkommenheit. Der Zweck des gesamten *yoga*-Systems liegt darin, den Geist auf Viṣṇu zu richten. Apersonalisten bilden sich nur ein, die Form Viṣṇus zu sehen, während sich die Personalisten nicht etwas vormachen – sie sehen tatsächlich die Form des Höchsten Herrn. Wie dem auch sei – ob man sich einbildet, Ihn zu sehen, oder ob man Ihn tatsächlich sieht –, man muss seinen Geist auf die Form Viṣṇus konzentrieren. *Mām* bedeutet „auf den Höchsten Herrn, Viṣṇu". Jeder, der den Körper aufgibt, während er seinen Geist auf Viṣṇu richtet, kommt nach Verlassen des Körpers ins spirituelle Reich. Echte *yogīs* wollen keinen anderen Planeten erreichen, denn sie wissen, dass das Leben auf den zeitweiligen Planeten vergänglich ist, und daher haben sie kein Interesse daran. Das ist ein Zeichen von Intelligenz.

Denjenigen, die sich mit vergänglichem Glück, einem vergänglichen Leben und vergänglichen Annehmlichkeiten zufriedengeben, fehlt es gemäß der *Bhagavad-gītā* (7.23) an Intelligenz: *antavat tu phalaṁ teṣāṁ tad bhavaty alpa-medhasām* – „Jemand mit kümmerlicher Gehirnsubstanz interessiert sich für vergängliche Dinge." So lautet das Urteil der *Śrīmad Bhagavad-gītā*. Ich bin ewig, warum sollte ich mich also für Dinge interessieren, die nicht dauerhaft sind? Wer will eine Existenz, die nicht von Dauer ist? Keiner will das. Wenn wir in einer Wohnung leben und der Vermieter uns auffordert auszuziehen, beklagen wir uns, doch wir jammern nicht, wenn wir in eine bessere Wohnung ziehen. Das ist demnach unsere natürliche Neigung. Wir wollen nicht sterben, weil wir ewig sind.

Die materielle Atmosphäre beraubt uns unserer Ewigkeit. Das *Śrīmad-Bhāgavatam* sagt: „Die Sonne vermindert unsere Lebensdauer – vom Sonnenaufgang bis zum Sonnenuntergang." Täglich verringert sich unsere Lebensdauer. Wenn die Sonne um 5:30 Uhr morgens aufgeht, sind um 17:30 Uhr schon zwölf Stunden unserer Lebensdauer verronnen. Diese Zeit werden wir niemals zurückbekommen. Wenn wir einem Wissenschaftler das Angebot unterbreiten: „Ich gebe Ihnen zwölf Millionen Dollar – bitte geben Sie mir diese zwölf Stunden zurück", wird er antworten: „Nein, das ist unmöglich." Kein Wissenschaftler ist dazu in der Lage. Deshalb vermindert sich dem *Bhāgavatam* zufolge unsere Lebensdauer vom Sonnenaufgang bis zum Sonnenuntergang.

Die Zeit – Vergangenheit, Gegenwart und Zukunft – heißt *kāla*. Was jetzt Gegenwart ist, wird morgen Vergangenheit sein, und was jetzt in der Zukunft liegt, wird morgen Gegenwart sein. Doch diese Vergangenheit, Gegenwart und Zukunft sind die Vergangenheit, Gegenwart und Zukunft des Körpers. Wir gehören weder zur Vergangenheit noch zur Gegenwart und auch nicht zur Zukunft. Wir gehören zur Ewigkeit. Folglich sollte unser Bestreben sein herauszufinden, wie wir auf die Stufe der Ewigkeit gelangen können. Der Mensch sollte sein entwickeltes Bewusstsein nicht dazu benutzen, die tierischen Neigungen Essen, Schlafen, Sichfortpflanzen und Sichverteidigen zu verfeinern, sondern dazu, den wertvollen Pfad zu finden, der ihm hilft, das Leben der Ewigkeit zu erreichen. Die Sonne verringert unsere Lebensdauer – jede Minute, jede Stunde, jeden Tag –, doch wenn wir über Uttama-śloka, den Höchsten Herrn, hören und chanten, kann uns diese Zeit nicht genommen werden. Die Zeit, die wir in einem Tempel des Krsna-Bewusstseins verbringen, kann uns nicht genommen werden. Sie ist ein Gewinn – sie ist ein Plus, kein Minus. Die Lebensdauer des Körpers mag sich verringern – sosehr man sich auch bemüht, sie zu bewahren, niemand ist dazu imstande –, doch die spirituelle Schulung, die wir im Kṛṣṇa-Bewusstsein erhalten, kann uns die Sonne nicht nehmen. Was immer wir lernen, wird zu einem bleibenden Gewinn.

Das Chanten von Hare Kṛṣṇa, Hare Kṛṣṇa, Kṛṣṇa Kṛṣṇa, Hare Hare / Hare Rāma, Hare Rāma, Rāma Rāma, Hare Hare ist sehr einfach. Die Zeit, die wir mit Chanten verbringen, kann uns nicht genommen werden, anders als die Zeit, die sich auf den Körper bezieht. Vor 50 Jahren war ich ein junger Mann, doch diese Zeit ist vorbei und kann nicht zurückgebracht werden. Das spirituelle Wissen, das ich von meinem spirituellen Meister erhalten habe, kann mir jedoch nicht genommen werden, sondern wird mich begleiten. Selbst nachdem ich diesen Körper verlassen habe, wird es mich begleiten, und wenn es in diesem Leben vollkommen ist, wird es mich ins ewige Reich bringen.

Sowohl die materielle als auch die spirituelle Welt gehören Kṛṣṇa. Nichts ist unser Eigentum. Alles ist Eigentum des Höchsten Herrn, ebenso wie alles im Staat der Regierung gehört, ob im Gefängnis oder außerhalb. Das bedingte Leben in der materiellen Welt ist wie das Leben in einem Gefängnis. Ein Gefangener kann sich nicht frei bewegen und von Zelle zu Zelle gehen. Ist man frei, kann man von Haus zu Haus gehen, doch im Gefängnis kann man dies nicht, sondern muss in seiner Zelle bleiben. Alle Planeten in der materiellen Welt sind wie Gefängniszellen. Wir versuchen, zum Mond zu gelangen, doch mechanische Mittel sind dafür ungeeignet. Ob wir nun Amerikaner, Inder, Chinesen oder Russen sind, uns ist die Erde zugewiesen worden, um darauf zu leben. Wir können die Erde nicht verlassen – auch wenn es Millionen und Abermillionen Planeten gibt und wir Maschinen haben, die uns dies anscheinend ermöglichen –, weil uns die Naturgesetze, die Gesetze Gottes, gefangen halten. Ein Gefängnisinsasse, dem man eine bestimmte Zelle zugewiesen hat, kann nicht ohne die Erlaubnis einer höheren Autorität in eine andere Zelle wechseln. Kṛṣṇa sagt in der *Bhagavad-gītā,* dass man nicht versuchen soll, von einer Zelle in die nächste zu gelangen. Das wird niemanden glücklich machen. Wenn ein Gefangener denkt: „Ich bin in dieser Zelle – ich werde den Wärter bitten, mich in eine andere Zelle zu verlegen, dann werde ich glücklich sein“, irrt er sich. Wir können nicht glücklich sein, solange wir innerhalb von Gefängnismauern leben. Wir versuchen, glücklich zu sein, indem wir die Zellen wechseln – vom Kapitalismus zum Kommunismus –, doch unser Ziel sollte es sein, von allen Ismen frei zu werden. Wir müssen uns vom Ismus des Materialismus vollkommen befreien – dann können wir glücklich werden. Das ist der Leitgedanke des Kṛṣṇa-Bewusstseins.

Wir holen uns Rat von der Höchsten Person, die sagt: „Mein lieber Arjuna, du kannst dich zum höchsten Planeten, Brahmaloka, erheben, was erstrebenswert erscheint, weil das Leben dort sehr lang ist (wir können nicht einmal einen halben Tag dort berechnen; solch eine mathematische Multiplikation liegt jenseits unserer Vorstellung), doch selbst auf Brahmaloka existiert der Tod. Vergeude also nicht deine Zeit damit, dich auf einen anderen Planeten zu erheben oder von Planet zu Planet zu reisen.“ (Bg. 8.16)

Die Menschen, die ich in Amerika gesehen habe, sind äußerst ruhelos. Sie ziehen von einer Wohnung in die nächste und von einem Staat zum anderen. Diese Unruhe liegt daran, dass wir nach unserem wirklichen Zuhause suchen. Von Ort zu Ort zu wandern, wird uns kein ewiges Leben bescheren. Das ewige Leben finden wir bei

Kṛṣṇa. Daher sagt Kṛṣṇa: „Alles gehört Mir. Und Ich habe ein wunderbares Reich, das alles übertrifft: Goloka Vṛndāvana." Wollen wir dorthin gelangen, müssen wir einfach Kṛṣṇa-bewusst werden und verstehen, wie Kṛṣṇa kommt und wie er geht, was Seine wesensgemäße Stellung ist, was unsere wesensgemäße Stellung ist, welche Beziehung wir zu Ihm haben und wie wir leben sollten. Wir bitten unsere Leser, diese Dinge auf wissenschaftliche Weise zu verstehen. Alles im Kṛṣṇa-Bewusstsein ist wissenschaftlich. Kṛṣṇa-Bewusstsein ist keine Bauernfängerei, nichts Skurriles, Sentimentales, Fanatisches oder Imaginäres. Es ist die Wahrheit, eine Tatsache, Realität. Wir müssen Kṛṣṇa in Wahrheit verstehen.

Wir müssen unseren Körper aufgeben, ob wir wollen oder nicht. Eines Tages müssen wir uns den Naturgesetzen beugen und unseren Körper verlassen. Selbst Präsident Kennedy musste sich während seiner letzten Fahrt den Naturgesetzen fügen und seinen Körper gegen einen anderen eintauschen. Er konnte sich nicht weigern: „Was? Ich bin doch der Präsident, Präsident Kennedy. Nicht mit mir!" Er wurde gezwungen. So funktioniert die Natur.

Der Zweck unseres entwickelten menschlichen Bewusstseins besteht darin, zu verstehen, wie die Natur funktioniert. Neben dem menschlichen Bewusstsein gibt es das Bewusstsein der Hunde, Katzen, Würmer, Bäume, Vögel, wilden Tiere und aller anderen Spezies. Doch wir sind nicht dazu bestimmt, in solch einem Bewusstsein zu leben. Laut dem *Śrīmad-Bhāgavatam* haben wir den menschlichen Körper nach vielen, vielen Geburten bekommen. Jetzt sollten wir ihn nicht verschwenden.

Bitte nutzt das menschliche Leben, um Kṛṣṇa-Bewusstsein zu entwickeln – und seid glücklich.

Der Autor

His Divine Grace A.C. Bhaktivedanta Swami Prabhupāda erschien in dieser Welt im Jahre 1896 in Kalkutta, wo er 1922 zum ersten Mal seinem spirituellen Meister, Śrīla Bhaktisiddhānta Sarasvatī Gosvāmī, begegnete. Bhaktisiddhānta Sarasvatī, ein bekannter, gottergebener Gelehrter und Gründer von 64 vedischen Instituten, die als Gauḍīya Maṭhas bekannt wurden, fand Gefallen an dem gebildeten jungen Mann und überzeugte ihn, sein Leben der Lehre vedischen Wissens zu widmen. Śrīla Prabhupāda wurde sein Schüler und empfing 1933 die formelle Einweihung.

Śrīla Bhaktisiddhānta Sarasvatī bat Śrīla Prabhupāda bereits bei ihrer ersten Begegnung, das vedische Wissen in englischer Sprache zu verbreiten. In den darauffolgenden Jahren verfasste Śrīla Prabhupāda einen Kommentar zur *Bhagavad-gītā* und unterstützte die Bewegung seines spirituellen Meisters in ihrer Mission. 1944 gründete er das *Back to Godhead,* ein vierzehntäglich erscheinendes Magazin in englischer Sprache, welches er eigenhändig verfasste, produzierte, finanzierte und vertrieb. Dieses Magazin wird heute von seinen Schülern weitergeführt und in vielen Sprachen veröffentlicht.

Als Anerkennung für Śrīla Prabhupādas philosophische Gelehrtheit und Hingabe ehrte ihn die Gauḍīya-Vaiṣṇava-Gesellschaft 1947 mit dem Titel „Bhaktivedanta". Im Jahre 1950 zog sich Śrīla Prabhupāda schließlich aus dem Familienleben zurück. Vier Jahre später trat er in den *vānaprastha*-Stand (Leben in Zurückgezogenheit) ein, um seinen Studien und seiner Schreibtätigkeit mehr Zeit widmen zu können. Bald danach begab er sich zu dem heiligen Ort Vṛndāvana in der Nähe von Agra, wo er unter bescheidensten Verhältnissen im mittelalterlichen Rādhā-Dāmodara-Tempel lebte. Dort verbrachte er mehrere Jahre mit eingehenden Studien und dem Schreiben. 1959 trat er in den Lebensstand der Entsagung (*sannyāsa*) ein. Im Rādhā-Dāmodara-Tempel begann er mit der Arbeit an seinem Lebenswerk – einer vielbändigen, kommentierten Übersetzung des 18 000 Verse umfassenden *Śrīmad-Bhāgavatam* (*Bhāgavata Purāṇa*). Dort entstand auch das Buch *Easy Journey to Other Planets*.

Nachdem er drei Bände des *Śrīmad-Bhāgavatam* veröffentlicht hatte, reiste er 1965 in die USA, um die Mission seines spirituellen Meisters zu erfüllen. In der Folge schrieb er mehr als 50 Bände autoritativer, kommentierter Übersetzungen und zusammenfassender Studien der wichtigsten philosophischen und religiösen Klassiker Indiens.

Als Śrīla Prabhupāda per Frachtschiff im Hafen von New York ankam, war er so gut wie mittellos. Erst im Juli 1966, nach fast einem Jahr voller Schwierigkeiten, gründete er die Internationale Gesellschaft für Krishna-Bewusstsein (ISKCON). Bis zu seinem Verscheiden am 14. November 1977 leitete er die Gesellschaft persönlich und konnte miterleben, wie sie sich zu einer weltweiten Bewegung mit über einhundert *āśramas*, Schulen, Tempeln und Farmgemeinschaften entwickelte.

1972 führte Śrīla Prabhupāda mit der Gründung einer *gurukula*-Schule in Dallas die vedische Pädagogik für das Grund- und Mittelstufenschulwesen in der westlichen Welt ein. Seitdem haben seine Schüler weltweit viele ähnliche Schulen eröffnet.

Auch in Indien veranlasste Śrīla Prabhupāda den Aufbau verschiedener internationaler, kultureller Zentren. In Māyāpur in Westbengalen bauen die Gottgeweihten nun eine spirituelle Stadt am Ganges, die um einen großen Tempel angelegt ist; ein ambitioniertes Projekt, dessen Fertigstellung noch mehrere Jahre in Anspruch nehmen wird. In Vṛndāvana im Norden Indiens gibt es den prächtigen und vielbesuchten Krishna-Balarama-Tempel sowie ein internationales Gästehaus, eine *gurukula*-Schule, Śrīla Prabhupādas Mausoleum und ein Museum. Auch in Mumbai, Delhi, Tirupati, Ahmedabad, Siliguri, Ujjain und vielen anderen indischen Orten gibt es Tempel, kulturelle Zentren und Farmgemeinschaften, die von Śrīla Prabhupāda geplant wurden.

Śrīla Prabhupādas wichtigster Beitrag sind jedoch seine Bücher. Von Gelehrten wegen ihrer Autorität, Tiefe und Klarheit geschätzt, werden sie als Lehrbücher in zahlreichen Universitäten und Seminaren benutzt. Seine Werke wurden bereits in über 80 Sprachen übersetzt. Die *Bhagavad-gītā wie sie ist* ist mittlerweile in 60 Sprachen erhältlich. Der von Śrīla Prabhupāda im Jahre 1972 gegründete Bhaktivedanta Book Trust (BBT) hat sich zum weltweit größten Verlag für die religiöse und philosophische Literatur Indiens entwickelt.

Glossar

Aparā prakṛti – Niedere oder materielle Energie.

Aṣṭāṅga-yoga – Die materialistische Kunst, die Körperlüfte zu beherrschen, um nach Belieben zu jedem Planeten zu reisen.

Avidyā – Unwissenheit.

Bhagavān – Derjenige, der über alles in Fülle verfügt; das Lebewesen, von dem jegliche Energien ausgehen.

Bhakti-yoga – Liebender hingebungsvoller Dienst für Kṛṣṇa – die Aktivität der höheren Energie.

Bhāva – Anhaftung, die Stufe vor der Liebe zu Gott.

Brahmā – Das erste Lebewesen in der erschaffenen materiellen Welt, die vorherrschende Gottheit dieses Universums.

Brahma-jyoti – Kṛṣṇas spirituelle körperliche Ausstrahlung.

Brahman – Die Ausstrahlung, die von Kṛṣṇas transzendentalem Körper ausgeht.

Brahma-pāda – Tätigkeit oder Stellung Brahmās.

Brahma-randhra – Öffnung am obersten Teil der Schädeldecke. Durch Erheben der Lebenskraft zum *brahma-randhra* kann ein *yogī* den grobstofflichen und den feinstofflichen Körper verlassen und die transzendentalen Vaikuṇṭha-Planeten erreichen.

Dhūma – Die dunkle, mondlose Monatshälfte. Wer in diesem für den Tod günstigen Zeitraum stirbt, mag zu einem Leben auf den höheren Planeten erhoben werden, muss jedoch nach dem Lebensende wieder auf die Erde zurückkehren.

Guṇas – Die Erscheinungsweisen der Natur.

Hare – Eine Anredeform der Energie des Herrn.

Jīva – Das Lebewesen oder die Lebenskraft.

Kāla – Ewige Zeit.

Parā prakṛti – Die höhere Energie, die die antimaterielle Welt erschafft.

Para-vyoma – Das vielfältige spirituelle Planetensystem, das den drei Viertel umfassenden Hauptteil der Schöpfungsenergie des Höchsten Herrn darstellt. Auch Vaikuṇṭha-loka genannt.

Pitṛs – Vorväter.

Pratyāhāra – Der Vorgang, bei dem man alle Tore der Sinne verschließt und den Geist aufs Herz sowie die Lebensluft auf den höchsten Punkt des Kopfes richtet, um sich selbst dadurch im *yoga* zu festigen.

Rajas – Die materielle Erscheinungsweise der Leidenschaft.

Sanātana – Ewig; das, was weder Anfang noch Ende hat.

Sanātana-dhāma – Die ewige Natur; der antimaterielle Himmel jenseits des materiellen Universums.

Sanātana-dharma – Die ewige Natur des Lebewesens, die darin besteht zu dienen.

Sāṅkhya-Anhänger – Spekulanten, die materielle Prinzipien akribisch analysieren und genau beschreiben.

Sattva – Die materielle Erscheinungsweise der Tugend.

Satyaloka – Der höchste Planet der materiellen Welt. Auch Brahmaloka genannt.

Siddhaloka – Planeten der materiell vollkommenen Wesen, die Schwerkraft, Raum, Zeit usw. voll und ganz beherrschen können.

Soma-rasa – Der himmlische Trank, der im *Ṛg-Veda* gepriesen wird.

Tamas – Die materielle Erscheinungsweise der Unwissenheit.

Kurzanleitung zur Aussprache des Sanskrits

In Indien wird Sanskrit meist mithilfe der Zeichen des Devanagari-Alphabets geschrieben, das 48 Buchstaben, nämlich 13 Vokale und 35 Konsonanten, umfasst und nach präzisen linguistischen Prinzipien zusammengestellt wurde. Im vorliegenden Buch wird die international anerkannte IAST-Umschrift verwendet. Die nachfolgenden Wortbeispiele sind fast immer nur Annäherungen.

Der kurze Vokal **a** wird wie das **a** in h**a**t ausgesprochen; das lange **ā** wie das **a** in h**a**ben und das kurze **i** wie das **i** in b**i**tten. Das lange **ī** wird wie das **i** in B**i**bel ausgesprochen, das kurze **u** wie das **u** in B**u**tter und das lange **ū** wie das **u** in H**u**t. Der Vokal **ṛ** wird wie das **ri** in **ri**nnen ausgesprochen. Der Vokal **e** wird wie das **e** in **e**wig ausgesprochen; **ai** wie in W**ai**se; **o** wie in h**o**ch und **au** wie in H**au**s. Beim *anusvāra* (**ṁ**) wird der vorausgehende Vokal nasalisiert, wie in Go**ng**. In den meisten Fällen ist der *visarga* (**ḥ**) ein abschließender Hauch, ein leichtes Ausatmen. Wenn der *visarga* allerdings am Ende einer Sanskritzeile steht, ist er ein abschließender h-Laut, bei dem der direkt vorangehende Vokallaut wie eine Art abgeschwächtes Echo wiederholt wird: **aḥ** wird dann ausgesprochen wie **ah**(**a**), **iḥ** wie **ih**(**i**), **auḥ** wie **auh**(**u**) usw.

Die gutturalen Konsonanten – **k, kh, g, gh** und **ṅ** – werden in ähnlicher Weise wie die deutschen Kehllaute gebildet. **K** wird ausgesprochen wie in **k**ann, **kh** wie in Sa**ckh**üpfen, **g** wie in **g**eben, **gh** wie in wa**gh**alsig und **ṅ** wie in si**ng**en. Die Gaumenlaute – **c, ch, j, jh** und **ñ** – werden vom Gaumen aus mit der Mitte der Zunge gebildet. **C** wird ausgesprochen wie das **tsch** in **Tsch**eche, **ch** wie in ru**tschh**emmend, **j** wie das **dsch** in **Dsch**ungel, **jh** wie im engl. he**dge-h**og und **ñ** wie in Ca**ny**on. Die dentalen Konsonanten – **t, th, d, dh** und **n** – werden gebildet, indem man die Zungenspitze gegen die Zähne drückt. **T** wird ausgesprochen wie in **T**al, **th** wie in Sanf**th**eit, **d** wie in **d**ann, **dh** wie in Sü**dh**älfte und **n** wie in **N**atter. Die zerebralen Konsonanten – **ṭ, ṭh, ḍ, ḍh** und **ṇ** – werden in gleicher Weise gebildet wie die dentalen, aber bei ihnen berührt die Zungenspitze den oberen Gaumen. Die labialen Konsonanten – **p, ph, b, bh** und **m** – werden mit den Lippen gebildet. **P** wird ausgesprochen wie in **P**astor, **ph** wie in Schla**pph**ut, **b** wie in **B**all, **bh** wie in Klu**bh**aus, wobei das h als Hauchlaut hörbar ist, und **m** wie in **M**alz. Die Halbvokale – **y, r, l** und **v** – werden ausgesprochen wie in **Y**oga, **R**avioli (wie das italienische r), **l**achen, **V**ene.

Die Zischlaute – **ś, ṣ** und **s** – werden ausgesprochen wie in **s**prechen, **sch**ön und fa**s**ten. Der Buchstabe **h** wird ausgesprochen wie in **h**elfen.

His Divine Grace
A. C. Bhaktivedanta Swami Prabhupāda

Bhagavad-gītā wie sie ist

Die zeitlose Philosophie der *Bhagavad-gītā* hat im Herzen der Menschen, im Osten wie im Westen, schon immer lebhaftes Interesse erweckt. Die *Bhagavad-gītā,* der „Gesang Gottes“, ist die Essenz der vedischen Weisheit und gehört zu den bedeutendsten Werken der spirituellen und philosophischen Weltliteratur. Große Denker wie Kant, Schopenhauer, Einstein und Gandhi ließen sich nachhaltig von dieser Schrift inspirieren, die die wahre Natur des Menschen, seine Bestimmung im Kosmos und seine Beziehung zu Gott offenbart.

His Divine Grace A. C. Bhaktivedanta Swami Prabhupāda
Bhagavad-gītā wie sie ist
896 Seiten, 16 Bildtafeln, geb.
ISBN 978-91-7149-651-5

Download on the App Store

Dieser Titel ist auch als mehrsprachige Book-App verfügbar. Suchen Sie hierzu im **Apple App Store** nach **„bbt bg“**.

Das Buch ist außerdem als E-Book bei **bbtmedia.com**, **Amazon**, **Google Play** und **Apple Books** erhältlich.

Das gedruckte Buch können Sie über den Buchhandel, Amazon oder eine der folgenden Adressen beziehen:

ISKCON Deutschland-Österreich e.V.
Aarstraße 8
65329 Hohenstein
Deutschland
+49 (0)6120 90 41 07
ananda.media.shop@gmail.com
ananda-krsna.de/shop

Sankirtan-Verein
Bergstrasse 54
8032 Zürich
Schweiz
+41 (0)44 262 37 90
sa-ve@pamho.net
sa-ve.ch

AUSGEWÄHLTE ADRESSEN

Internationale Gesellschaft für Krishna-Bewusstsein

Gründer-Ācārya: His Divine Grace A. C. Bhaktivedanta Swami Prabhupāda

Eine vollständige internationale Adressenliste finden Sie unter **centres.iskcon.org** oder **directory.krishna.com.** Alle Zentren und Treffpunkte im deutschsprachigen Raum sind auf **iskcon.de** gelistet. Wenden Sie sich für nähere Informationen zu Programmen und Veranstaltungen an das nächstgelegene Zentrum.

Deutschland

Abentheuer – Goloka Dhama, Böckingstraße 4a, 55767 Abentheuer; +49 6782 2214; golokadhama.de@gmail.com; goloka-dhama.de

Berlin – Jagannatha-Tempel, Berliner Allee 209, 13088 Berlin; mail@tempelberlin.de; tempelberlin.de

Hamburg – Bhakti-Yoga-Zentrum, Krummholzberg 9, 21073 Hamburg; +49 151 10652236; vaidyanath.acbsp@pamho.net; bhaktiyogazentrum.de

Heidelberg – Nava-Navadvipa, Zuzenhäuser Str. 13, 74909 Meckesheim; +49 06226 9530741; info@iskcon-heidelberg.de; iskcon-heidelberg.de

Jandelsbrunn – Simhachalam, Zielberg 20, 94118 Jandelsbrunn; +49 8583 316; info@simhachalam.de; simhachalam.de

Köln – Gauradesh, Taunusstraße 40, 51105 Köln; +49 178 921 3621; kontakt@gauradesh.com; gauradesh.com

Leipzig – Krishna-Tempel Leipzig, Merseburger Str. 95, 04177 Leipzig; office@krishna-tempel-leipzig.de; krishna-tempel-leipzig.de

München – ISKCON München, Fürstenrieder Straße 139, 80686 München; +49 89 6880 0288; iskcon-muenchen.de

Wiesbaden – Hari Nama Desh, Aarstraße 8, 65329 Burg Hohenstein; +49 6120 904107; iskconwiesbaden@pamho.net; iskconwiesbaden.de

Schweiz

Langenthal – Gaura Bhaktiyoga Center, Dorfgasse 43, 4900 Langenthal; +41 76 507 04 99; gaura.bhaktiyoga.center@gmx.ch; gaura-bhakti.ch

Zürich – Krishna-Gemeinschaft Schweiz, Bergstrasse 54, 8032 Zürich; +41 44 262 33 88; info@krishna.ch; krishna.ch

Österreich

Wien – Vedisches Zentrum, Loquaiplatz 2, 1060 Wien; +43 664 8237838; vedisches.zentrum@gmail.com; harekrishna.at